T0207798

essentials

essentials liefern aktuelles Wissen in konzentrierter Form. Die Essenz dessen, worauf es als „State-of-the-Art" in der gegenwärtigen Fachdiskussion oder in der Praxis ankommt. *essentials* informieren schnell, unkompliziert und verständlich

- als Einführung in ein aktuelles Thema aus Ihrem Fachgebiet
- als Einstieg in ein für Sie noch unbekanntes Themenfeld
- als Einblick, um zum Thema mitreden zu können

Die Bücher in elektronischer und gedruckter Form bringen das Expertenwissen von Springer-Fachautoren kompakt zur Darstellung. Sie sind besonders für die Nutzung als eBook auf Tablet-PCs, eBook-Readern und Smartphones geeignet. *essentials:* Wissensbausteine aus den Wirtschafts-, Sozial- und Geisteswissenschaften, aus Technik und Naturwissenschaften sowie aus Medizin, Psychologie und Gesundheitsberufen. Von renommierten Autoren aller Springer-Verlagsmarken.

Weitere Bände in der Reihe http://www.springer.com/series/13088

Bernd Sonne

Allgemeine Relativitätstheorie für jedermann

Grundlagen, Experimente und Anwendungen verständlich formuliert

2., überarbeitete und korrigierte Auflage

Bernd Sonne
Hamburg, Deutschland

ISSN 2197-6708   ISSN 2197-6716   (electronic)
essentials
ISBN 978-3-658-24128-5   ISBN 978-3-658-24129-2   (eBook)
https://doi.org/10.1007/978-3-658-24129-2

Die Deutsche Nationalbibliothek verzeichnet diese Publikation in der Deutschen Nationalbibliografie; detaillierte bibliografische Daten sind im Internet über http://dnb.d-nb.de abrufbar.

Springer Spektrum ist ein Imprint der eingetragenen Gesellschaft Springer Fachmedien Wiesbaden GmbH und ist ein Teil von Springer Nature
Die Anschrift der Gesellschaft ist: Abraham-Lincoln-Str. 46, 65189 Wiesbaden, Germany

Was Sie in diesem *essential* finden können

- Zunächst finden Sie eine kurze Übersicht zur Speziellen Relativitätstheorie. Begriffe wie Lichtgeschwindigkeit, Raum und Zeit werden erklärt. Und dass Energie und Masse äquivalent sind.
- Sie werden verblüfft sein, wie Einsteins berühmte „Gedankenexperimente" zum Fahrstuhl und rotierender Scheibe ihn zur Allgemeinen Relativitätstheorie geführt haben.
- Die wichtigsten Grundlagen und Prinzipien werden verständlich erläutert, insbesondere wie Materie die geradlinige Geometrie krumm werden lässt.
- Sie werden die vielen Experimente kennen lernen, mit denen die Gültigkeit der Theorie bestätigt wurde. Hervorzuheben ist die Auswirkung auf Ihr GPS. Ohne die Theorie würden Sie Ihr Fahrziel nicht erreichen.
- Sie werden erfahren, was Schwarze Löcher sind und was es mit Zeitreisen auf sich hat.
- Schließlich werden Sie noch etwas über die Expansion des Universums, in dem Sie leben, erfahren. Die Theorie steht im Einklang mit den heutigen astronomischen Erkenntnissen.
- Die Formeln im Text sollen Ihnen zeigen, dass die Theorie zu „relativ" einfachen Ergebnissen führt.
- Sie werden auch noch etwas über Einsteins andere Werke erfahren und werden verstehen, weshalb er so berühmt wurde.

Vorwort zur zweiten Auflage

In dieser zweiten Auflage wurden einige Kapitel überarbeitet bzw. gekürzt sowie neue Themen hinzugefügt: Änderung von Zeit und Raum in der ART, Laufzeitverzögerung von Radarsignalen, Flug mit Atomuhren und das Experiment Gravity Probe B. Es sei angemerkt, dass alle Bilder sehr vereinfacht und nicht maßstabsgetreu sind, um das Wesentliche des Sachverhaltes zu zeigen. Einige der angegebenen Formeln sind näherungsweise berechnet worden. Dies genügt jedoch, um einen quantitativen Eindruck über die ART-Effekte zu bekommen.

Wie auch in der ersten Auflage werden beim Lesen sicher viele Fragen auftauchen, die in dem *essential* nicht erschöpfend beantwortet werden können. Dazu ist das Thema zu umfangreich. Dennoch ist der Autor für Anregungen und Hinweise dankbar, die gerne dem Verlag gemeldet werden können.

Für die wissenschaftliche und redaktionelle Betreuung danke ich Frau Maly, Frau Schulz und Frau Rajagopal.

im August 2018   Bernd Sonne

Vorwort zur ersten Auflage

Schon wieder ein Buch über Einsteins Theorien? Davon gibt es doch schon so viele! Ja, das ist richtig. Die meisten davon sind Lehrbücher, zu deren Verständnis ein gehöriges Maß an Mathematik erforderlich ist bzw. vorausgesetzt wird. Besonders die Allgemeine Relativitätstheorie (ART) ist deshalb schwer zu verstehen. Dies war auch der Grund, weshalb nur wenige Physiker sich nach der Veröffentlichung (Ende 1915) damit befassten.

Neben den Lehrbüchern gibt es eine Reihe von Sachbüchern. Sie haben zwar nicht den Anspruch eines Lehrbuches, sind aber dennoch mit Mathematik in verschiedenen Schwierigkeitsgraden „gefüllt". Und dann findet man noch populärwissenschaftliche Bücher, die keine Mathematik enthalten, sondern viele Themen der ART mehr im Erzählstil bringen, ohne jedoch die Grundlagen der ART genauer zu beleuchten.

Dieses *essential* soll dazu beitragen, die physikalischen Grundlagen der ART gedanklich zu erfassen. Außerdem sollen die Ergebnisse von Experimenten und Anwendungen noch mit ein paar Formeln erklärt werden. Das *essential* richtet sich nicht an Fachleute, wenngleich manche Erklärungen auch für sie hilfreich sein können. Es sollen hauptsächlich Schüler, Studenten, Ingenieure und jeder interessierte Laie angesprochen werden, also alle, die schon mal etwas von Relativitätstheorie gehört haben, aber nicht so recht etwas damit anzufangen wussten. Deshalb wird zu Beginn auch ein sehr kurzer Abriss über Einsteins Spezielle Relativitätstheorie (SRT) gegeben, der zum Verständnis der ART wichtig ist.

Wie bin ich zu Einsteins Relativitätstheorien gekommen? Schon als Schüler hatte mich Einsteins Wirken interessiert, weshalb ich mir Bücher von und über ihn besorgt hatte. Insbesondere hatte mich das Zwillingsparadoxon fasziniert, das man sogar mit Schulmathematik verstehen kann. Später hatte ich in meinem Physikstudium in Hamburg das Glück, bei zwei sehr renommierten Wissenschaftlern,

Pascal Jordan und Wolfgang Kundt, Vorlesungen über die SRT und ART zu hören.

Während meines Berufslebens hatte ich jedoch kaum etwas damit zu tun. Erst viele Jahre später kam ich darauf zurück und machte die Relativitätstheorie zu meinem Hobby, das schließlich zusammen mit einem Co-Autor zu einem Sachbuch führte: Einsteins Theorien – Spezielle und Allgemeine Relativitätstheorie für interessierte Einsteiger und zur Wiederholung – von Bernd Sonne und Reinhard Weiß. Das Buch ist ebenfalls bei Springer Spektrum erschienen. Es enthält viele ausführliche Rechnungen und Erläuterungen, die man auch nachvollziehen kann. Es behandelt ausführlich sehr viele Themen dieses *essentials* und kann deshalb bei Bedarf zurate gezogen werden.

Für die kritische Durchsicht des Manuskriptes der ersten Auflage sowie für Hinweise auf Kürzungen oder Ergänzungen danke ich sehr Herrn Reinhard Weiß.

Ich danke dem Verlag Springer-Spektrum, dass er mir die Gelegenheit gegeben hat, dieses *essential* zu schreiben, sowie für die redaktionelle und inhaltliche Betreuung durch Frau Harsdorf, Frau Kanjwani und Frau Maly.

Einige Abbildungen enthalten Cliparts der Firma Microsoft, deren Verwendung mir bereits für mein vorheriges Buch freundlicherweise erlaubt wurde. Einige Bilder sind auch dem Internet entnommen. Die Quelle ist direkt bei den Bildern angegeben.

im Oktober 2015   Bernd Sonne

Inhaltsverzeichnis

Einleitung

1

Manche Männer bemühen sich lebenslang,
das Wesen einer Frau zu verstehen.
Andere befassen sich mit weniger schwierigen
Dingen z. B. der Relativitätstheorie.
A. Einstein

Einstein gilt wohl als der bedeutendste Physiker des zwanzigsten Jahrhunderts. Seine Relativitätstheorien und nicht nur sie haben das physikalische Weltbild, das seit Newton über dreihundert Jahre bestand, grundlegend verändert, um nicht zu sagen revolutioniert.

Dieses *essential* soll einen leicht verständlichen Eindruck davon vermitteln, worum es bei den Relativitätstheorien geht und weshalb sie von so großer Bedeutung sind. Zu Beginn werden wir uns kurz mit der Speziellen Relativitätstheorie (SRT) befassen, die zum Verständnis der Allgemeinen Relativitätstheorie (ART) beiträgt.

Anschließend wird besonders auf die ART eingegangen. Beide Theorien sind, wie wir sehen werden, aus der Wissenschaft und dem heutigen Alltagsgebrauch nicht mehr wegzudenken, was aber kaum jemand weiß. Sie werden in Vorlesungen an Universitäten gelehrt und sind Gegenstand vieler Forschungsvorhaben. Die Gültigkeit der Theorien ist in vielen Experimenten zweifelsfrei bestätigt worden.

Wir fangen mit einem historischen Rückblick an, der zu Einsteins Theorien geführt hat. Raum und Zeit werden sich in der SRT, anders als bei Newton, als veränderlich erweisen. Wir werden sehen, dass es verschiedene Arten von Zeiten gibt, genannt Eigenzeit und Koordinatenzeit, und welche Konsequenzen sich daraus ergeben. Ursache dafür ist die Konstanz der Lichtgeschwindigkeit, die bei Newton keine Rolle spielt. Schließlich wird die wohl berühmteste Gleichung der Physik $E = mc^2$ erwähnt und dass das Licht auch eine (bewegte) Masse hat.

© Springer Fachmedien Wiesbaden GmbH, ein Teil von Springer Nature 2018
B. Sonne, *Allgemeine Relativitätstheorie für jedermann*, essentials,
https://doi.org/10.1007/978-3-658-24129-2_1

Hier sind einige Stichworte, die wir kurz im Rahmen der SRT behandeln wollen:

- Lorentz-Transformation
- Masse und Energie
- Eigen- und Koordinatenzeit
- Raum-Zeit-Koordinatensystem
- Linienelement

Anschließend werden wir einige Gedankenexperimente zur ART erläutern, die sich Einstein ausgedacht hat. Sie zeigen in gewisser Weise die Schwierigkeiten und Besonderheiten, auf die man bei genauer Betrachtung der physikalischen Vorgänge stößt. Ein Fahrstuhl und eine rotierende Scheibe sind wunderbare Beispiele dafür, was man so alles beobachten kann und zunächst nicht versteht. Auf das, was der Begriff „Masse" beinhaltet und wie das Licht damit zusammenhängt, wird besonders hingewiesen. Und dass Masse einen gekrümmten Raum verursacht, sprich die Geometrie verändert. Und dass die Geometrie die Bewegung von Körpern bestimmt. Einfach fantastisch und kaum vorstellbar, aber wahr.

Wir werden die ganz einfachen und wenigen Prinzipien kennenlernen, auf denen Einsteins Theorien beruhen. Und dies ist genau der Punkt, weshalb Einsteins Relativitätstheorien zu den schönsten Theorien gehören, die je geschrieben wurden, abgesehen von ihrer hervorragenden mathematischen Eleganz.

Der Hauptteil des *essentials* befasst sich mit den experimentellen Nachweisen zur Gültigkeit der ART, diese sind:

- Periheldrehung des Merkur
- Lichtablenkung durch die Sonne
- Gravitative Rotverschiebung
- Radar-Laufzeitverzögerung
- Experiment Gravity Probe B
- Global Positioning System (GPS)
- Flug mit Atomuhren
- Gravitationswellen
- Schwarze Löcher
- Zeitreisen
- Expansion des Universums: Weltmodelle

Zum Schluss werden wir noch etwas über die anderen Werke Einsteins lesen. Der Autor wünscht allen Leserinnen und Lesern eine interessante und sogar spannende Unterhaltung, die immer für Überraschungen gut ist.

Einstieg in Einsteins Spezielle Relativitätstheorie

2

Zeit ist das, was man an der Uhr abliest.
A. Einstein

2.1 Raum und Zeit bei Newton und Einsteins SRT

Isaac Newton hatte im Jahre 1687 ein Lehrbuch über physikalische Gesetze veröffentlicht, die „Philosophiae Naturalis Principia Mathematica". Es handelte sich um die Gesetze zur Mechanik und Gravitation, d. h. nach welchen Gesetzen sich Körper im Raum bewegen. Eines davon ist das Trägheitsgesetz. Sofern keine äußeren Kräfte auf einen Körper einwirken, bewegt er sich im Raum geradlinig mit konstanter Geschwindigkeit, nachdem er irgendwie in Bewegung gebracht wurde. Man sagt, der Körper befinde sich in einem Inertialsystem, von lat. iners = träge. Als Inertialsystem bezeichnet man ein System, in welchem sich ein Körper in Ruhe befindet oder sich mit gleichförmiger Geschwindigkeit bewegt.

Die Geschwindigkeit $+v$ des Körpers, z. B. ein Auto, kann man bestimmen, indem man seine in einer bestimmten Zeit t zurückgelegte Wegstrecke x misst und durch die Zeit dividiert: $v = x/t$. Die messende Person soll sich dabei *auf* der Erde in Ruhe befinden. Die Bewegung des Autos wird also mit einer Ortskoordinate x und einer Zeitkoordinate t bestimmt.

Nun kann man die Bewegung des Autos auch von einem anderen Inertialsystem aus betrachten, z. B. indem man sich als Beobachter *im* Auto befindet. In seinem System bewegt sich das Auto nicht! Es bewegt sich aber die Erde mit einer Geschwindigkeit $-v$ vom Auto weg. Die Bewegung von Auto und Erde, also die Geschwindigkeit, ist daher *relativ* zueinander zu sehen. Die im Auto gemessene Zeit t' ist nach Newton immer dieselbe wie t, also $t' = t$. Der Ort x', ändert sich aber gemäß $x' = x - v * t$.

© Springer Fachmedien Wiesbaden GmbH, ein Teil von Springer Nature 2018
B. Sonne, *Allgemeine Relativitätstheorie für jedermann*, essentials,
https://doi.org/10.1007/978-3-658-24129-2_2

Die Transformation der Koordinaten des *Autos* von t nach t' und x nach x' nennt man eine Galilei-Transformation. Galileo Galilei hatte sie lange vor Newton entdeckt. Man sieht daran eine wichtige Eigenschaft: die Zeit ist eine *absolute*, d. h. unveränderliche Größe, die Koordinate des Weges ist aber *relativ*, also je nach Betrachtung veränderlich. Die Lichtgeschwindigkeit spielte bei Newton keine Rolle.

Nun kommen wir zu den Überlegungen, die später zu Einsteins SRT geführt haben.

Michelson und Morley machten im Jahre 1881 bzw. 1887 ein berühmtes Experiment. Sie fanden heraus, dass die Lichtgeschwindigkeit immer dieselbe blieb, und zwar *unabhängig* davon, ob sich die Lichtquelle bewegt oder ruht. Das würde aber den bisherigen Gesetzen widersprechen und schien sehr unwahrscheinlich zu sein. Lorentz und unabhängig davon FitzGerald konnten 1892 das merkwürdige Verhalten des Lichtes nur erklären, wenn sich die Lichtwege und die Zeiten in dem Experiment unter dem Einfluss einer konstanten Lichtgeschwindigkeit verändern. Daraus hat sich die sogenannte Lorentz-Transformation entwickelt, s. Abb. 2.1:

$$t' = \left(t - vx\Big/ c^2\right) \Big/ \sqrt{1 - v^2\Big/ c^2}$$

und

$$x' = (x - vt) \Big/ \sqrt{1 - v^2\Big/ c^2}$$

Wenn die Lichtgeschwindigkeit sehr groß gegenüber v ist oder sie sogar als unendlich angenommen wird, dann stimmt die Lorentz-Transformation mit der Galilei-Transformation überein.

Mithilfe der Lorentz-Transformation kann man auch zeigen, dass die Formel für die Addition der Geschwindigkeiten u' und v so aussieht:

$$u = \left(u' + v\right) \Big/ \left(1 + u'v\Big/ c^2\right)$$

u' ist die Geschwindigkeit eines Objektes im System S'. Das System S' bewegt sich gegenüber S mit der Geschwindigkeit v. Die Geschwindigkeit des Objektes ist in dem ruhenden System u, dann ist u nach obiger Formel die relativistische Addition von u' und v. Nach Galilei würde bei Newton der Nenner gleich eins sein ($c =$ unendlich). Wenn $u' = v = c$ ist, dann ist u ebenfalls c und nicht $2c$, wie es bei Newton möglich wäre.

Es bleibt noch die Beschleunigung a' eines Objektes im System S' zu betrachten. Das System S' bewegt sich gegenüber S mit der Geschwindigkeit v.

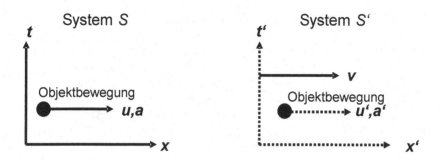

Im System S', Lorentz-Transformation:
$$x' = (x-vt)*(1-v^2/c^2)^{1/2}$$
$$t' = (t-v*x/c^2)/(1-v^2/c^2)^{1/2}$$

Im System S:
Geschwindigkeitsaddition $u = (u'+v)/(1+u'v/c^2)$
Beschleunigung $a = a'*(1-v^2/c^2)^{3/2}$

Abb. 2.1 Relative Bewegung von und in Bezugssystemen S und S'.
In dieser Abbildung befindet sich der Beobachter im ruhenden System S. Das System des fahrenden Autos ist S'. Es bewegt sich mit der Geschwindigkeit v vom Startpunkt des Autos weg. Wenn ein Objekt im Auto, z. B. eine Fliege, die Geschwindigkeit u' hat, dann hat sie aus Sicht des ruhenden Beobachters die Gesamtgeschwindigkeit $u = u'+v$. Wenn aber eine Lampe im Auto scheint und dann u' gleich der Lichtgeschwindigkeit c ist, dann müsste die im System S gemessene Lichtgeschwindigkeit $u = c+v$ sein, also größer als c. Dies wiederum hat sich experimentell als falsch herausgestellt

Wie wird die Beschleunigung a' des Objektes in die Beschleunigung a des Ruhesystems S transformiert? Auch dies kann man aus der Lorentz-Transformation ableiten, es gilt für eine Bewegung in x-Richtung:

$$a = a' \left(1 - v^2 \big/ c^2\right)^{3/2}$$

Die Beschleunigung ist also wie bei Newton eine *absolute* Größe. In beiden Systemen gibt es eine Beschleunigung für das Objekt. Nur im Falle $a'=0$ ist auch $a=0$. Wir werden aber im Rahmen der ART noch sehen, dass die Beschleunigung auch relativ ist. D. h. während sie in einem System ungleich null ist, ist sie im anderen System null.

2.2   Eigenzeit und Koordinatenzeit

Nach Einsteins SRT gibt es eine Eigenzeit und eine Koordinatenzeit. Die Eigenzeit ist die Zeit, die man bei sich selbst, sprich im eigenen Bezugssystem, an einer Uhr ablesen kann. Die Koordinatenzeit hingegen ist die Zeit, die – vom eigenen System aus betrachtet – in einem anderen System abläuft. Beide Zeiten sind nicht mehr identisch, was sich aber erst bei sehr großen Geschwindigkeiten bemerkbar macht. Die Eigenzeit wird üblicherweise mit dem griechischen Buchstaben τ (Tau) geschrieben, die Koordinatenzeit mit t.

Eine Person bewegt sich im System S', das sich gegenüber S mit der Geschwindigkeit v bewegt, in einem Eigenzeitinterval $\Delta\tau$. Man verwendet für ein Intervall oft den griechischen Buchstaben Δ (Delta). Das Intervall Δt einer im System S ruhenden Person ist aber *größer* als $\Delta\tau$ gemäß

$$\Delta t = \Delta\tau \left/ \sqrt{1 - v^2 \left/ c^2 \right.} \right.$$

Bewegte Uhren in S' gehen also in S *langsamer* als in S'. Man bezeichnet dies als Zeitdilatation. Für den experimentellen Nachweis siehe unter (Bailey et al. 1979).

Zusätzlich wird – von einer ruhenden Person in S aus betrachtet – ein Maßstab Δx_0 der sich in S' bewegenden Person *kleiner*, je schneller sie sich bewegt:

$$\Delta x = \Delta x_0 \sqrt{1 - v^2 \left/ c^2 \right.}$$

Die ruhende Person sieht in seinem System den Maßstab Δx, der *kürzer* als Δx_0 ist. Dieser Vorgang wird als Längenkontraktion bezeichnet. Wir werden später bei der ART sehen, dass es dort auch eine Zeitdilatation und Längenkontraktion gibt, wenngleich mit einer anderen Transformation.

2.3   Raum-Zeit-Koordinatensystem

Nach Einstein hängen aber Raum und Zeit immer miteinander zusammen, wie die Lorentz-Transformation zeigt. Deshalb wurde zur Veranschaulichung ein vierdimensionales Raum-Zeit-Koordinatensystem von Herrmann Minkowski eingeführt, bei dem die vierte Koordinate die Zeit t ist. Sie wird üblicherweise mit der Lichtgeschwindigkeit c multipliziert. Damit erhält ct auch eine räumliche Dimension. Etwas Vierdimensionales können wir nicht zeichnen. Deshalb lässt man für die grafische Darstellung einfach eine Raumkoordinate weg, hier z, Abb. 2.2. Wir machen noch darauf aufmerksam, dass dieses Raum-Zeit-

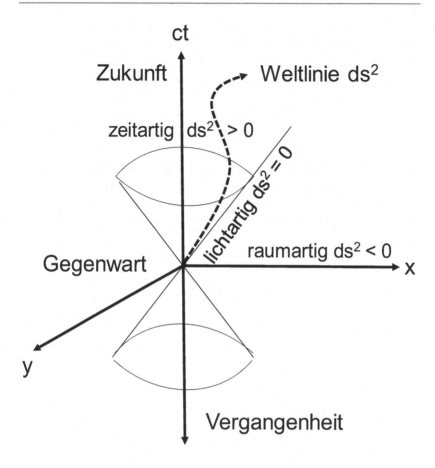

$$\text{Linienelement: } ds^2 = c^2 dt^2 *(1-v^2/c^2)$$

Abb. 2.2 Minkowski-Geometrie von Raum und Zeit.

Alle Bewegungen finden in diesem Koordinatensystem innerhalb eines Kegels in Richtung ct statt, der von einem Lichtstrahl begrenz wird. Dieser Lichtstrahl bildet einen Winkel von 45° Grad gegenüber den anderen Koordinatenachsen. Wenn wir noch die Zeit t hinzunehmen, dann gilt nun bei Einstein für eine sehr kleine Strecke ds in diesem Koordinatensystem: $(ds)^2 = c^2(dt)^2 - (dx)^2 - (dy)^2 - (dz)^2$. $(ds)^2$ wird „Weltlinie" genannt. Man lässt allerdings die Klammern für eine vereinfachte Schreibweise gewöhnlich weg. Nun ist das Linienelement ds nichts anderes als das zugehörige Eigenzeitelement $d\tau$ multipliziert mit c

Koordinatensystem nach wie vor euklidisch, also rechtwinklig, ist. Wir werden sehen, dass dies in der ART nicht mehr gilt, s. Abschn. 5.4. Das Linienelement ds^2 definiert die Bewegung eines Objektes in der Raum-Zeit.

$$ds^2 = c^2 d\tau^2 = c^2 dt^2 - dx^2 - dy^2 - dz^2$$
$$= c^2 dt^2 \left(1 - \left(dx^2 + dy^2 + dz^2\right) \Big/ \left(c^2 dt^2\right)\right)$$
$$= c^2 dt^2 \left(1 - v^2 \Big/ c^2\right)$$

An der letzten Formel erkennt man mit $v^2 = (dx^2 + dy^2 + dz^2)/dt^2$ die o. g. Zeitdilatation. Das negative Vorzeichen bei den räumlichen Koordinaten ist reine Konvention. Für weitere Themen zur SRT sei auf die Literatur verwiesen.

Prinzipien der Speziellen Relativitätstheorie

3

Einstein hat seine SRT auf zwei Prinzipien aufgebaut:

1. Die Lichtgeschwindigkeit ist immer konstant und unabhängig von der Bewegung des Systems.
2. In jedem Inertialsystem sollen dieselben physikalischen Gesetze gelten.

Der erste Punkt ergab sich aus dem Experiment von Michelson und Morley, dessen Ergebnis Einstein kannte. Der zweite Punkt wurde durch die Lorentz-Transformation erfüllt, die Einstein ebenfalls bekannt war. Damals war man aber der Meinung, dass Licht auch ein Ausbreitungsmedium, den so genannten Äther, benötigen würde, wie z. B. die Luft für den Schall notwendig war. Einstein hatte aber erkannt, dass der Äther als absolutes Bezugsmedium für Licht überflüssig war! Denn mit der Lorentz-Transformation ließen sich alle gleichförmigen Bewegungen, einschließlich die des Lichtes, ineinander transformieren! Einstein hat auch herausgefunden, dass die Maxwell'schen Gleichungen der Elektrodynamik zur SRT „passen", sodass sie ohne Änderungen gültig sind.

3.1 Äquivalenz von Masse und Energie

Eine weitere Konsequenz, die Einstein gefunden hat, ist allerdings die bei weitem bekannteste. Sie besagt, dass jeder ruhende Körper mit der Masse m_0 eine Ruhe-Energie E_0 hat, gemäß der Gleichung $E_0 = m_0 c^2$. Ruhemasse und Ruhe-Energie sind also bis auf den Faktor c^2 dasselbe! Weiterhin stellt sich

© Springer Fachmedien Wiesbaden GmbH, ein Teil von Springer Nature 2018
B. Sonne, *Allgemeine Relativitätstheorie für jedermann,* essentials,
https://doi.org/10.1007/978-3-658-24129-2_3

heraus, dass die Masse umso größer wird, je schneller sich der Körper bewegt. Man spricht dann von bewegter Masse

$$m = m_0 \Big/ \sqrt{1 - v^2/c^2}$$

Diesen Effekt kann man auch experimentell mit Elementarteilchen nachweisen. Die Energieformel lautet dann ganz allgemein:

$$E = mc^2$$

Diesen Ausdruck hat wohl jeder schon einmal gehört oder gesehen. Er bedeutet, dass die Energie E eines Körpers und seine Masse m einander äquivalent seien, wie man sagt. Wie die Formel mit Mitteln der Schulmathematik (Integral- und Differenzialrechnung) hergeleitet wird, siehe unter (Sonne 2016).

Das Licht hat selbst keine Ruhemasse, aber es hat durch seine Energie eine bewegte Masse. Die Formel dazu hat auch Einstein gefunden:

$$m_{\text{Licht}} = h\nu \Big/ c^2.$$

Dabei ist h das Planck'sche Wirkungsquantum, und der griechische Buchstabe ν (Ny) bezeichnet die Lichtfrequenz. Wir werden sehen, dass die Lichtmasse für die ART wichtig ist.

3.2 Zusammenfassung der Speziellen Relativitätstheorie

Wir haben jetzt alle Begriffe und Informationen aus der SRT zusammen, auf die wir bei der Betrachtung der ART zurückgreifen werden:

- Die Lichtgeschwindigkeit ist eine absolute Größe, die sich beim Wechsel von einem in das andere Bezugssystem nicht ändert.
- Inertialsysteme sind Bezugssysteme von Objekten, die sich relativ zueinander mit einer konstanten Geschwindigkeit bewegen. In allen Inertialsystemen gelten dieselben physikalischen Gesetze.
- Die Lorentz-Transformation sorgt dafür, dass die Konstanz der Lichtgeschwindigkeit beim Übergang von einem zum anderen Inertialsystem berücksichtigt wird.
- Raum und Zeit sind nach Einstein unmittelbar miteinander verbunden. Beides sind relative Begriffe.

- Einstein unterscheidet zwischen Eigenzeit und Koordinatenzeit. Die Eigenzeit wird im eigenen Bezugssystem gemessen. Die Koordinatenzeit, die im anderen Bezugssystem abläuft, kann vom eigenen aus berechnet werden.
- Ein Raum-Zeit-Koordinatensystem ist ein vierdimensionales Koordinatensystem, bei dem zu den drei räumlichen Koordinaten als zusätzliche Komponente die Zeit verwendet wird. Eine sehr kleine (infinitesimale) Strecke in diesem Koordinatensystem wird als Linienelement bezeichnet.
- Die Äquivalenz von Masse und Energie besagt, dass Masse und Energie prinzipiell dasselbe sind: $E = mc^2$.

Wie es zur Allgemeinen Relativitätstheorie kam

4

Sich verlieben ist gar nicht das Dümmste, was der Mensch tut
– die Gravitation kann aber nicht dafür verantwortlich gemacht werden.
A. Einstein

4.1 Newtons Gravitationstheorie

Newton hatte neben den mechanischen Gesetzen auch eine Theorie über die gravitativen Wirkungen zusammengestellt. Er kannte die Kepler'schen Gesetze, nach denen sich die Planeten um die Sonne bewegen. Sie sind zurückzuführen auf die Kräfte, die massive Körper wie die Erde und die Sonne aufeinander ausüben. Auch die Erscheinungen von Ebbe und Flut sind darauf zurückzuführen, nur das hier hauptsächlich der Mond dafür verantwortlich ist.

Das Gravitationsgesetz $F = G m_1 m_2 / r^2$ enthält eine Konstante G, die Newton'sche Gravitationskonstante, r ist die Entfernung zwischen den beiden Massen m_1 und m_2, die sich immer anziehen. Sich abstoßende Massen hat bisher noch niemand gefunden, im Gegensatz zu elektrischen Ladungen. Auch dieses Gesetz kennen wir noch aus der Schulzeit. Man erkennt an obiger Gleichung auch, dass die Kraft umso kleiner wird, je weiter die Massen voneinander entfernt sind. Wenn jedoch r gegen null geht, dann wird die Kraft unendlich groß, was jedoch in der Praxis nicht vorkommt. Einen ähnlichen Effekt werden wir später in Abschn. 5.4 kennenlernen, der zum sogenannten Schwarzen Loch führen wird.

Sowohl die Gesetze der Mechanik als auch die der Gravitation beschreiben alle Bewegungen von Körpern mit sehr hoher Genauigkeit. Deswegen sind die Newton'schen Theorien auch so erfolgreich. Fast alle Experimente und Messungen stimmten mit der Theorie überein. Eine der winzigen Abweichungen, die man mit Newton nicht erklären konnte, war die Periheldrehung des Merkur. Was das genau ist, werden wir später im Abschn. 6.1 sehen. Erst Einstein konnte mit seiner ART diese Unstimmigkeit berechnen.

Einstein hatte die SRT 1905 veröffentlicht. Sie bezog sich nur auf Inertial-systeme und enthielt noch keine Formeln über die Gravitation. Er forderte aber, dass die physikalischen Gesetze in *allen* nur erdenklichen Bezugssystemen die-selben sein sollten, nicht nur in Inertialsystemen – eine neue Theorie war also erforderlich. Das war keine leichte Arbeit, zumal er nicht auf bekannte Phäno-mene, wie sie für die SRT zur Verfügung standen, zurückgreifen konnte. Er benötigte für die ART ein völlig anderes mathematisches Konzept, mit dem sich die allgemeingültigen Gesetze beschreiben ließen. Mathematische Unterstützung darin fand er bei seinem Freund Marcel Grossmann. So dauerte es auch zehn Jahre, bis er mit der ART fertig war. Welche „Gedankenexperimente" von ihm dazu beigetragen haben, sehen wir in den folgenden Kapiteln.

4.2   Der aufsteigende Fahrstuhl

Zunächst halten wir noch einmal fest, dass wir in der SRT Koordinaten-systeme betrachten, die sich mit gleichförmiger und konstanter Geschwindig-keit zueinander bewegen. Jetzt wird noch eine andere Bewegung betrachtet: die Beschleunigung. Bei ihr ist die Geschwindigkeit nicht mehr konstant. Wir wollen einmal sehen, was sich nun alles für die beobachtenden Personen und das Licht ändert, Abb. 4.1.

Eine Person befindet sich in einem *aufsteigenden* Fahrstuhl, die andere *in Ruhe* auf dem Erdboden. Im Fahrstuhl wird man auf den Boden gedrückt. Die Person im Fahrstuhl empfindet eine *Gravitationskraft*. Wenn sie die beiden Gegenstände (z. B. Feder und Eisenkugel) loslässt, dann fallen sie gleich schnell zum Boden des Fahrstuhles (ohne Luftwiderstand). Angeblich hatte Galilei schon am schiefen Turm von Pisa das Fallgesetz gefunden: je größer die Masse eines Körpers ist, desto stärker ist die Gravitationskraft, die auf ihn wirkt. Deshalb treffen alle von gleicher Höhe fallenden Körper gleichzeitig auf die Erde. Doch zurück zum Fahrstuhl. Ein von *außen* einfallender Lichtstrahl wird zum Fahr-stuhlboden hin gekrümmt. Auf ihn wirkt deshalb ebenfalls die Gravitationskraft, da Licht eine (bewegte) Masse hat, wie wir aus der SRT wissen.

Die Person auf der Erde bemerkt aber etwas ganz anderes: für sie wird der Fahrstuhl nach oben von ihr weg beschleunigt. Von der scheinbaren Gravitations-kraft im Fahrstuhl merkt sie nichts. Sie sieht die Gegenstände wegen der *Beschleunigung* auf den Fahrstuhlboden fallen. Ein von außen einfallender Licht-strahl ist auch für sie nach unten gekrümmt, aber aus einem ganz anderen Grund.

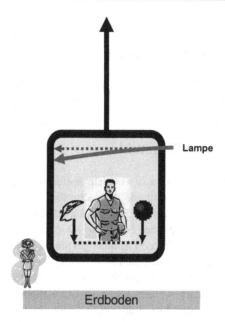

 Schwerkraft = Beschleunigungskraft

Abb. 4.1 Steigender Fahrstuhl: Schwerkraft = Beschleunigungskraft. (Die Person im Fahrstuhl empfindet eine Gravitationskraft. Die Gegenstände fallen gleich schnell zum Fahrstuhlboden. Die Person auf der Erde misst, dass der Fahrstuhl nach oben beschleunigt wird. Sie sieht die Gegenstände wegen der Beschleunigung ebenfalls gleich schnell auf den Boden fallen. Es gibt also keinen Unterschied zwischen Gravitationskraft und Beschleunigungskraft. In beiden Fällen ist der von außen einfallende Lichtstrahl nach unten gekrümmt. Wenn sich die Lichtquelle im Fahrstuhl befindet, ist der Lichtweg auch nach unten gekrümmt. Näheres dazu im Text.)

Da die Lichtgeschwindigkeit endlich ist, benötigt das Licht eine gewisse Zeit, um an die andere Wand zu gelangen. Während dieser Zeit hat sich aber die Wand weiter nach oben bewegt, sodass das Licht unterhalb der gedachten horizontalen Linie auftrifft.

Je nachdem, wo man sich befindet, im Fahrstuhl oder außerhalb, wird die Beobachtung anders interpretiert, mal ist die Ursache die Gravitationskraft, mal die Beschleunigungskraft. Man kann nicht unterscheiden, ob man es mit einer

Gravitationskraft oder mit einer Beschleunigungskraft zu tun hat. Das ist schon sehr merkwürdig: die Gravitationskraft und die Beschleunigungskraft sind einander gleich. Einstein hat dieses „Gleichheitsprinzip", das auch mit dem Begriff Masse zu tun hat, als wichtigen Baustein seiner ART erkannt. Wir kommen später im Rahmen seines Äquivalenzprinzips darauf zurück. Aber es gibt noch mehr Merkwürdigkeiten.

4.3   Der fallende Fahrstuhl

Wenn das Fahrstuhlseil reißt (was wir nicht hoffen wollen), dann passiert Folgendes (Abb. 4.2). Der Fahrstuhl, die Person im Fahrstuhl und alle Gegenstände befinden sich im *freien Fall* auf die Erde zu, ähnlich wie ein Fallschirmspringer. Alle Gegenstände sind in diesem Fall *schwerelos,* sie verändern ihre Lage im Fahrstuhl nicht. Und der Lichtstrahl ist nicht gekrümmt, sondern bleibt gerade, da seine (bewegte) Masse in diesem Fall auch schwerelos ist.

Von außen betrachtet sieht die Situation aber ganz anders aus. Der Fahrstuhl und alle Gegenstände darin werden wegen der Gravitationskraft der Erde abwärts beschleunigt. Der Lichtstrahl ist in diesem Fall nach oben gekrümmt, da sich die gegenüber liegende Wand nach unten bewegt hat.

Das bedeutet, dass nach der ART die Beschleunigung nicht mehr absolut wie bei Newton ist, sondern relativ. Je nachdem, in welchem Bezugssystem man sich befindet: im fallenden Fahrstuhl herrscht freier Fall, außerhalb davon wird er zur Erde beschleunigt.

Die Experimente mit dem Fahrstuhl sind aber noch nicht zu Ende. Oben haben wir gesagt, dass das Licht von *außen* in den Fahrstuhl strahlt. Was passiert aber, wenn die Lampe *innen* angebracht ist? Die Ergebnisse für das Licht mit dem steigenden Fahrstuhl sind im Fahrstuhl dieselben wie oben. Aber beim fallenden Fahrstuhl ändert sich etwas. Bei der Beobachtung von außen bleibt der Lichtstrahl auch gerade. Warum? Weil er ebenfalls schwerelos los ist und deshalb seine horizontale Bewegung beibehält.

Es sieht also so aus, als ob es ja nach Standort unterschiedliche physikalische Gesetze gibt (Tab. 4.1). Dass dem nicht so ist, hat Einstein mithilfe der Mathematik in seiner ART gezeigt. Diese Tatsache nennt man auch Kovarianzprinzip. was das genau ist, werden wir später kennenlernen. Zuvor befassen wir uns noch mit einem weiteren Phänomen: die Änderung von Uhrzeit und Geometrie auf einer rotierenden Scheibe. Auch dieses Gedankenexperiment hat sich Einstein ausgedacht.

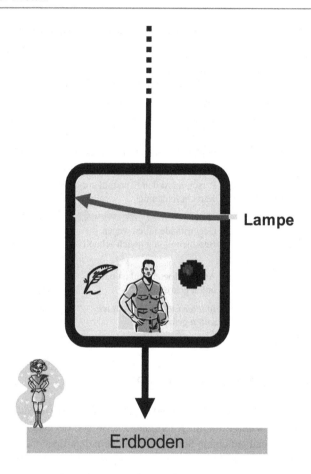

Lampe

Erdboden

 Beschleunigung ist relativ!

Abb. 4.2 Fallender Fahrstuhl Beschleunigung vs. freier Fall: Beschleunigung ist relativ. (Wenn das Seil reißt, dann befinden sich die Person und die Gegenstände im Fahrstuhl im freien Fall, sie sind schwerelos. Der von außen einfallende Lichtstrahl bleibt gerade. Die Person auf der Erde misst aber, dass der Fahrstuhl wegen der Gravitation zur Erde hin beschleunigt wird. Der Lichtstrahl ist nach oben gekrümmt. Wenn sich die Lichtquelle *im* Fahrstuhl befindet, dann bleibt aber der Lichtweg im Gegensatz zum steigenden Fahrstuhl gerade! Beschleunigung ist relativ. Näheres dazu im Text.)

Tab. 4.1 Vergleiche der Beobachtungen in den Fahrstuhlexperimenten

Gegenüberstellung	Steigender Fahrstuhl	Fallender Fahrstuhl
Beobachter drinnen	Person fühlt eine Schwerkraft	Person ist schwerelos
	Gegenstände fallen gleich schnell	Gegenstände sind schwerelos
	Äußerer Lichtstrahl ist nach unten gekrümmt	Äußerer Lichtstrahl bleibt gerade
	Innerer Lichtstrahl ist nach unten gekrümmt	Innerer Lichtstrahl bleibt gerade
Beobachterin draußen	Person misst den Fahrstuhl aufwärts beschleunigt	Person misst den Fahrstuhl abwärts wegen Schwerkraft beschleunigt
	Gegenstände fallen wegen Beschleunigung gleich schnell	Gegenstände werden wegen Schwerkraft abwärts beschleunigt
	Äußerer Lichtstrahl ist nach unten gekrümmt	Äußerer Lichtstrahl ist nach oben gekrümmt
	*Innerer Lichtstrahl ist **nach unten gekrümmt***	*Innerer Lichtstrahl **bleibt gerade***

4.4   Die rotierende Scheibe

Wenn man sich auf einer rotierenden Scheibe befindet (Abb. 4.3), wird man nach außen *beschleunigt* und fliegt möglicherweise von der Scheibe. Das kennt jeder, der sich einmal auf einem Spielplatz auf einem derartigen Gerät befunden hat.

Wir haben in der SRT gelernt, dass Uhren umso langsamer gehen, je schneller sie sich mit gleichförmiger, also konstanter Geschwindigkeit bewegen. Wenn sich die Uhr wie hier in diesem neuen Experiment auf einer sehr schnell rotierenden Scheibe befindet, dann geht sie – von *außen* betrachtet – umso langsamer, je weiter sie vom Zentrum der Scheibe positioniert ist. Denn je weiter die Uhr vom Zentrum entfernt ist, desto größer ist ihre Rotationsgeschwindigkeit.

Aber es gibt noch einen anderen Effekt. Man kann den Kreisumfang mithilfe eines Maßstabes messen. Von *außen* betrachtet verkürzt sich der Maßstab wegen der Geschwindigkeit, die der Maßstab auf der rotierenden Scheibe hat. Der Maßstab auf der Scheibe, bleibt aber im System der Scheibe gleich groß.

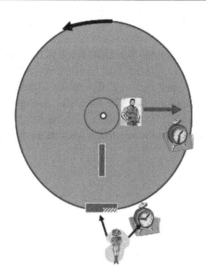

Änderung der Geometrie (Kreisumfang)
Unterschiedliche Zeitmessung (Uhren)

Abb. 4.3 Rotierende Scheibe: Änderung von Zeit und Geometrie. (Die Uhr außerhalb der rotierenden Scheibe geht schneller als die Uhr auf der Scheibe, Zeitdilatation. Der Maßstab entlang des Umfanges wird außerhalb der Scheibe kürzer gemessen als der auf der Scheibe, Längenkontraktion. Beim Maßstab in radialer Richtung bleibt seine Länge dieselbe. Wenn man mit dem äußeren kleineren Maßstab den Umfang misst, dann ist der Umfang größer als innen gemessen. Die rotierende Scheibe verändert also die Zeit *und* die Geometrie.)

Das Verhältnis von Kreisumfang U zum Durchmesser d ist normalerweise $U/d = \pi$.

Dies gilt im System der Scheibe. Wenn wir aber U von außen messen, dann ist dieser Umfang wegen des kleineren Maßstabes größer als im System der rotierenden Scheibe, es ist also $U/d > \pi$. Es hat sich also die *Geometrie geändert!* Wie kommt das zustande?

Beide Effekte sind zunächst auf die Geschwindigkeit zurückzuführen, die am Rande der Scheibe herrscht. Wie wir aus der SRT wissen, bewirkt die Geschwindigkeit eine Längenkontraktion und eine Zeitdilatation. Die primäre

Ursache für die Geschwindigkeit ist aber die Rotation, die eine Beschleunigung auf der Scheibe bewirkt.

Wir haben oben beim steigenden Fahrstuhl festgestellt, dass es keinen Unterschied zwischen Beschleunigungskraft und Gravitationskraft gibt. Daher ist die Beschleunigungskraft auf einer rotierenden Scheibe (Zentrifugalkraft), gleichbedeutend mit einer Gravitationskraft. Sie hat dafür gesorgt, dass sich die *Zeit* und zusätzlich die *Geometrie* für den äußeren Beobachter geändert haben. Auf die Änderung der Geometrie werden wir später noch näher eingehen.

Grundlagen der ART 5

5.1 Das Mach'sche Prinzip

Wie Newton hatte sich Ernst Mach mit Fragen über Raum und Bewegungen beschäftigt, über die es nachzudenken galt. Newton hatte sich dazu ein berühmtes Gedankenexperiment ausgedacht. Wenn man einen mit Wasser gefüllten Eimer in eine Rotationsbewegung um seine Mitte versetzt, dann passiert Folgendes:

Ganz am Anfang der Rotation ist die Wasseroberfläche völlig eben und horizontal ausgerichtet. Im Laufe der Rotation wird die Oberfläche aber durch Reibungs- und Zentrifugalkräfte verformt. Das Wasser steigt zum Rand des Eimers hin an. Nachdem man den Eimer abgebremst hat und er zur Ruhe gekommen ist, wird die Wasseroberfläche erst *danach* wieder glatt. Dieser Versuch ist aus dem Physikunterricht der Schule bekannt. Was bedeutet er aber? Nach Newton bewegt sich das Wasser gegenüber dem absoluten und unbeweglichen Raum. Es führt eine *absolute* Bewegung aus.

Nach Mach gibt es aber *keine absolute* Bewegung. Wenn nämlich nur ein Körper im Raum existiert und man sich auf ihm befindet, dann kann man nicht feststellen, ob er sich bewegt oder nicht. Es fehlt der Bezug zu einem anderen Körper, gegenüber dem man eine Bewegung überhaupt erst feststellen kann. Die Bewegung eines Körpers ist immer als relativ gegenüber einem anderen anzusehen. Das Wasser im Eimer rotiert – auf das Universum bezogen – relativ gegenüber den Fixsternen. Die Fixsterne wurden damals als unbeweglich angesehen und repräsentierten das Universum. Einen ähnlichen Effekt bemerkt man, wenn man sich nachts bei klarem Himmel auf einem rotierenden Stuhl befindet. Dann „sausen" die Fixsterne an den Augen vorbei.

Oder rotieren etwa die Fixsterne, sprich das Universum, dabei? Die Antwort ist Nein, wie sich auch dem Versuch mit dem Foucault'schen Pendel ergibt. Ein über dem Nordpol angebrachtes Pendel wird in Schwingungen versetzt. Dann

© Springer Fachmedien Wiesbaden GmbH, ein Teil von Springer Nature 2018
B. Sonne, *Allgemeine Relativitätstheorie für jedermann,* essentials,
https://doi.org/10.1007/978-3-658-24129-2_5

dreht sich nach Newton die Erde wegen ihrer Eigendrehung unter dem Pendel weg, im Laufe eines Tages um 360° Grad. Denn das Pendel behält wegen seiner *trägen* Masse seine Bewegungsrichtung gegenüber den Fixsternen bei. Andererseits dreht sich die Erde aber in derselben Zeit um 360° Grad gegenüber den ruhenden Fixsternen. Beide Zeiten sind gleich, d. h. die Fixsterne drehen sich nicht gegenüber dem absoluten Raum (d'Iverno 1995).

Newtons Gravitationsgesetz besagt, dass Körper ein Gewicht, eine *schwere* Masse, besitzen. Die Bewegung von Körpern wird durch die Einwirkung von anderen Körpern bestimmt. Die Bewegung in einem Raum wiederum ist aber mit Geometrie verbunden: die Bahnen der Planeten um die Sonne sind Ellipsen. Auch bei dem Eimerexperiment sehen wir, dass die Bewegung des Wassers eine Änderung der Geometrie hervorruft: die Oberfläche des Wassers wird gekrümmt.

Nach Mach gibt es, wie gesagt, keinen absoluten Raum, auf den sich alle Bewegungen beziehen. Bewegungen können nur relativ zu anderen Körpern festgestellt werden, und sie sind mit der Geometrie des Raumes verbunden. Dieses Prinzip übernahm Einstein für seine ART. Wir sehen, dass es manchmal eine Frage der Interpretation von Erscheinungen ist, die jedoch von großer Bedeutung sein können. Dies wird auch im nächsten Kapitel deutlich, wo wir näher auf die schon erwähnten Begriffe von schwerer und träger Masse eingehen werden.

5.2 Das Äquivalenzprinzip

Wir wollen uns nun den anderen Prinzipien zuwenden, auf denen Einsteins ART beruht, und beginnen gleich mit dem wichtigsten, dem Äquivalenzprinzip. Zunächst befassen wir uns mit dem Begriff *Masse*. Dazu stellen wir uns folgende Situation vor, die wir kennen.

Der Mann wirft eine Kugel weg, Abb. 5.1. Er muss dazu die *träge* Masse der Kugel überwinden. Die Schwerkraft der Erde „zieht", d. h. beschleunigt die *(passive) schwere* Masse der Kugel zum Erdboden: $F = mg$.[1] Man sagt auch, die Kugel habe ein Gewicht bekommen. Die Formel, mit der man die Beschleunigung g ausrechnet, lautet: $g = MG/r^2$. M ist die Masse des Körpers (hier die Erde), der die Beschleunigung hervorruft, G ist die Newton'sche Gravitationskonstante, r ist der Radius des Körpers. Auf der Erde ist g ungefähr

---

[1]Es gibt auch noch eine *aktive* schwere Masse, mit der die Stärke der Gravitationskraft (genauer: des Gravitationsfeldes) bestimmt wird. Sie ist auch gleich der *passiven* schweren Masse, so dass wir nur von schwerer Masse reden wollen.

Erdboden

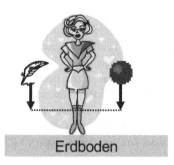

Erdboden

 Schwere Masse = Träge Masse

Abb. 5.1 Äquivalenzprinzip: Schwere Masse = Träge Masse. (Der Kugelstoßer muss für seinen Wurf die *träge* Masse der Kugel beschleunigen. Die Erde wiederum zieht die Masse der Kugel wegen der Gravitation wieder auf den Erdboden. Also hat die Kugel auch ein Gewicht, sie ist *schwer*. Die Frau lässt die Feder und die Kugel von gleicher Höhe los. Ihre *trägen* Massen fallen zur Erde hin mit einer Beschleunigung a und der Kraft $F = m_t a$. Auf ihre *schweren* Massen wirkt die Gravitationskraft $F = m_s g$. Beide Kräfte sind gleich groß: $m_t a = m_s g$ oder $a = (m_s/m_t)*g$. Daraus folgt, dass das Verhältnis von schwerer zu träger Masse konstant ist. Dies gilt für alle Körper. Man kann geeignete Einheiten so wählen, dass die Konstante gleich eins ist.)

9,81 m/s². Zum Vergleich: Die Beschleunigung ist auf dem Mond nur ein sechstel so groß wie die auf der Erde.

Wir kommen jetzt noch zu einem anderen Experiment. Die Frau lässt die Kugel und die Feder, die sich beide auf gleicher Höhe befinden, los. Beide Gegenstände fallen (im Vakuum, d. h. ohne Luftwiderstand) gleich schnell abwärts. Wie oben erwähnt, hatte dies Galilei 1609 mit seinem Fallgesetz beschrieben. Die Masse der Feder ist zwar wesentlich kleiner als die der Kugel. Die beschleunigende Kraft der *trägen* Masse ist $F = m_t a$, die Gravitationskraft der schweren Masse ist $F = m_s g$. Es gibt keinen Unterschied beider Kräfte, s. Abschn. 4.2. Die Ursache des zeitgleichen Falls ist die Tatsache, dass die Kräfte umso stärker werden, je größer die Massen sind. Das Verhältnis beider Kräfte zur trägen bzw. schweren Masse eines Körpers ist für alle Körper dasselbe: $F/m_t = a$ und $F/m_s = g$, dann ist $a = (m_s/m_t)*g$. Da a und g konstant sind, ist auch m_s/m_t konstant. Diese Konstante kann gleich eins gesetzt werden.

Dass die schwere Masse tatsächlich genauso groß ist wie die träge Masse wurde experimentell sehr viel später (Eötvös 1889) mit einer sehr geringen Abweichung von 10^{-12} festgestellt. Man sagt, *schwere und träge Masse seien einander äqui-valent.* Obwohl man dazu im zwanzigsten Jahrhundert noch viele genauere Experimente durchgeführt hat, konnte bisher kein Widerspruch nachgewiesen werden.

Die Gleichheit von schwerer und träger Masse ist eine sprachliche Ausprägung des Äquivalenzprinzips. Eine andere haben wir bereits in den Gedankenexperimenten zum Fahrstuhl kennengelernt: Gravitationskraft und Beschleunigungskraft sind voneinander nicht zu unterscheiden, sie sind gleich. Man kann also beide Ausdrucksweisen verwenden, wenn man vom Äquivalenzprinzip spricht. Das Äquivalenzprinzip ist das Fundament, auf dem Einsteins ART beruht.

5.3   Das Korrespondenzprinzip

Natürlich fragt man sich, ob eine neue physikalische Theorie auch bisher bekannte Theorien, die sich sehr gut bewährt haben, enthält. Einstein hat gefordert, dass dies selbstverständlich der Fall sein muss.

Wir sehen hier eine Gegenüberstellung der Theorien von Einstein und Newton (Tab. 5.1). Die ART gilt für die Gravitation und für alle Geschwindigkeiten. Die ART enthält mathematisch und physikalisch die SRT und die Newton'sche Theorie. Wenn keine Gravitation vorhanden ist, dann folgt aus der ART die SRT. Wenn die Gravitation sehr klein ist und die Geschwindigkeiten sehr klein gegen die Lichtgeschwindigkeit sind, dann gilt die Newton'sche Gravitationstheorie. Wenn bei Newton keine Gravitation wirksam ist, dann ergibt sich die Newton'-sche Mechanik. Man kann zeigen, dass sich die Übergänge von der ART bis zur Newton'sche Mechanik mathematisch nachweisen lassen.

Wir zeigen an einem ganz einfachen Beispiel, wie die ART mit den anderen Theorien „korrespondiert".

Tab. 5.1 Gegenüberstellung der Theorien von Newton und Einstein

Theorien/ Eigenschaften	Newton'sche Mechanik	Newton'sche Gravitation	Einstein'sche SRT	Einstein'sche ART
Mit Gravitation, Geschwindigkeit sehr groß				×
Ohne Gravitation, Geschwindigkeit sehr groß			×	×
Gravitation sehr klein, Geschwindigkeit sehr viel kleiner als c		×		×
Ohne Gravitation, Geschwindigkeit sehr viel kleiner als c	×			×

5.4 Änderung von Zeit und Raum in der ART

Das wichtigste Linienelement der ART hat Schwarzschild im Jahre 1916, also gleich nach der Veröffentlichung der ART, gefunden. Schwarzschild betrachtete ein kugelsymmetrisches Objekt, dessen Masse punktförmig im Koordinatenursprung liegt. Die Herleitung der Formel ist ziemlich schwer und würde den Rahmen des *essentials* sprengen. Aber wir können zwei Ergebnisse zeigen. Die Koordinatenzeit ändert sich durch den Einfluss des Abstandes eines Beobachters zum Zentrum eines Objektes, wobei die Lichtgeschwindigkeit auch wieder eine Rolle spielt:

$$\Delta t = \Delta \tau \left/ \sqrt{1 - 2GM \left/ \left(c^2 r \right) \right.} \right.$$

Dabei ist G die Newton'sche Gravitationskonstante, M die Masse des Objektes, c die Lichtgeschwindigkeit, r ist die Entfernung vom Zentrum des Objektes. Diese Entfernung r muss größer als $r_s = 2GM/c^2$, dem sogenannten Schwarzschild-Radius, sein[2]. Wir werden diesem Ausdruck wieder im Abschn. 6.9 über Schwarze Löcher begegnen. Zum Vergleich: am Rand der Sonne beträgt der

---

[2]Das Koordinatensystem, das zu dem Schwarzschild-Radius führt, wird sehr oft verwendet. Es gibt aber auch – je nach Anwendung – noch andere Koordinatensysteme für die ART.

Ausdruck $2GM/(c^2r)$ nur ca. ein Millionstel, ist also vernachlässigbar. Es gibt jedoch Sterne, bei denen es mehr als ein Zehntel ist.

Das Eigenzeitintervall eines Astronauten sei $\Delta\tau$, dann wird das berechnete Zeitintervall eines weit entfernten Beobachters Δt umso größer, je näher $2GM/(c^2r)$ gegen 1 geht, d. h. je näher der Astronaut beim Schwarzschild-Radius ist. In der ART erhalten wir daher auch eine Zeitdilatation. Wenn M/r sehr klein ist, dann ist $\Delta t = \Delta\tau$ wie bei Newton.

Auch ein Wegintervall Δs ändert sich gemäß der ART, es gilt (Abb. 5.2 und 5.3):

$$\Delta r = \Delta s\sqrt{1 - 2GM\Big/\left(c^2r\right)}$$

Ein Maßstab Δs in der Hand eines Astronauten nahe dem Zentrum, wird für den weit entfernten Beobachter ein kleinerer Maßstab Δr sein, je näher $2GM/(c^2r)$ bei

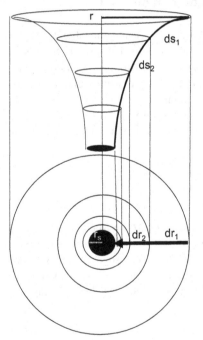

r = Entfernung zum Zentrum,
   im Zentrum: Schwarzes Loch mit
r_s = 2GM / c² (Schwarzschild-Radius)

ds = Maßstab des Astronauten
   bleibt gleich lang ds_2 = ds_1
dr = Maßstab verkürzt sich
   von außen betrachtet $dr_2 < dr_1 < ds_1$
   am Schwarzen Loch ist dr = 0,
   in sehr großer Entfernung zum
   Schwarzen Loch ist dr = ds.

Abb. 5.2 Schwarzschild-Geometrie beim Schwarzen Loch. (Die Begriffe dr, ds, r und r_s sind in der Abbildung und im Text erklärt.)

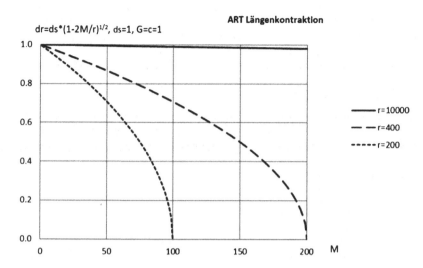

Abb. 5.3 Längenkontraktion. (Die Längenkontraktion sehen wir hier in Abhängigkeit der Masse. Wir haben wie oft üblich G und c gleich eins gesetzt. ds soll ebenfalls eins sein. Da die Längenkontraktion auch noch vom Radius abhängt, haben wir sie für drei verschiedene Radien eingezeichnet. Die Länge dr ist eins (gleich ds), wenn M gleich 0 ist. Sie ist null, wenn der Radius r gleich dem Schwarzschild-Radius $2GM/c^2$ ist, hier gleich $2M$ ist, also $M = 0{,}5r$. Wenn der Radius aber sehr groß gegen $2M$ ist ($r = 10.000$, obere fast gerade Linie), dann unterscheidet sich dr fast nicht mehr von ds. Für r gleich unendlich ist dr gleich ds.)

1 liegt, d. h. je näher sich der Astronaut beim Schwarzschild-Radius des Objektes befindet. Dies bezeichnen wir als Längenkontraktion in der ART. Wenn $r = 2GM/c^2$ ist, dann haben wir es mit einem Schwarzen Loch zu tun. Die oben erwähnte Koordinatenzeit Δt ist dann unendlich. Im Gegensatz zur SRT haben wir es bei der ART mit einer Raumkrümmung zu tun, also einem nicht-euklidischen Koordinatensystem. Aber in der Hand des Astronauten, d. h. in seinem System, bleibt der Maßstab immer gleich lang!

Wenn jedoch M/r sehr klein gegen eins ist, dann ist auch $\Delta r = \Delta s$. In diesem Fall stimmt das Koordinatensystem mit dem der SRT überein. Zeit und Länge werden bei der ART also durch das Verhältnis M/r geändert, wobei man die Abhängigkeit von M und r auch einzeln betrachten kann, Abb. 5.3. Bei der SRT ist es nur die Geschwindigkeit v.

Wir sehen hier, dass bei der ART – im Gegensatz zu Newton und zur SRT die Masse eines Körpers auch die Veränderung der Geometrie bewirkt! Bei der SRT ist es die Geschwindigkeit v, Abschn. 2.1. Wenn c oder r gleich unendlich sind, dann ist ebenfalls $\Delta r = \Delta s$ wie bei Newton.

Wir wollen noch einmal darauf hinweisen, dass bei der SRT Zeiten und Abstände wegen der Geschwindigkeit von Körpern verändert werden. Bei der ART ist es nicht die Geschwindigkeit, sondern die Gravitationskraft, die durch das Verhältnis M/r bestimmt wird. In unserem Sonnensystem spielt das aber nur in Ausnahmefällen eine Rolle. Wenn sich der Körper bewegt, muss zusätzlich noch seine Geschwindigkeit berücksichtigt werden. Dann ergibt dies eine „Kombination" von ART und SRT, die für das Global Positioning System GPS wichtig ist, wie wir noch sehen werden.

5.5   Das Kovarianzprinzip

Seit sich die Mathematiker mit der Relativitätstheorie befassen,
verstehe ich sie selbst nicht mehr.
A. Einstein

Dieses Kapitel ist etwas schwerer zu verstehen. Es beinhaltet einige mathematische Hintergrundinformationen, die für die ART benötigt werden.

Wir haben festgestellt, dass man verschiedene Messergebnisse erhält, je nachdem in welchem Bezugssystem man sich befindet und welches System man von dort aus beobachtet. Anders ausgedrückt: ein Ergebnis eines Experimentes in meinem eigenen System kann in einem anderen System ganz anders aussehen. Es hat also den Anschein, dass sich die physikalischen Gesetze jeweils verschieden verhalten, wenn man von einem System in das andere wechselt. Dieses Verhalten würde die Physik ja auf den Kopf stellen. Sind es jedes Mal unterschiedliche physikalische Gleichungen, mit denen die Welt beschrieben wird? Kann das richtig sein?

Die Mathematik, mit denen die Gleichungen formuliert werden, hat eine Lösung und sagt ein klares Nein. Es hat sich nämlich gezeigt, dass man die physikalischen Gleichungen und Gesetze so formulieren kann, dass sie in jedem Bezugssystem dieselben sind. Man nennt dies eine kovariante Schreibweise. Die Mathematik dazu heißt Tensorrechnung (Ricci-Curbastro und Levi-Civita). Man kann sie als eine Verallgemeinerung der Rechnung mit Vektoren auffassen, die man vielleicht noch aus der Schulzeit kennt. Um die Geometrie in der ART zu beschreiben, verwendet Einstein die sogenannte Differenzialgeometrie. Sie ist zweidimensional auf Carl Friedrich Gauss zurückzuführen und wurde von Bernhard Riemann auf beliebig viele Dimensionen erweitert. Einstein benötigte für die ART vier Dimensionen. In einer tensoriellen Schreibweise ändern sich die physikalischen Gesetze *nicht!*

Und es gibt noch einen anderen Vorteil: Wenn man in einem Koordinatensystem (Bezugssystem) die Lösung einer physikalischen Gleichung gefunden
hat, dann gilt diese Lösung auch in allen anderen Koordinatensystemen. Diese
Eigenschaft nutzt man folgendermaßen aus: Man berechnet eine Lösung in einem
möglichst einfachen Koordinatensystem, die dann auch in anderen Koordinatensystem gilt. Einstein hat dieses Verfahren in seiner Originalarbeit über die ART
angewendet, siehe unter (Einstein 1916).[3]

5.6   Was ist in den Theorien endlich, relativ oder absolut?

Eine weitere Gegenüberstellung befasst sich mit den Begriffen endlich, relativ
und absolut. Besonders hervorzuheben ist, wie gesagt, dass die Lichtgeschwindigkeit bei Newton keine Rolle spielt. Sie geht nicht in seine Theorie ein. Bei den
Fahrstuhlexperimenten würde der Lichtstrahl immer gerade verlaufen. Die Lichtgeschwindigkeit ist in der SRT und ART endlich und eine absolute Größe, die in
jedem Bezugsystem und in Richtung der Ausbreitung gemessen denselben Wert
hat. Sie ist unabhängig davon, wo man sich als Beobachter befindet. Sowohl Raum
als auch Zeit sind bei Newton absolut, nicht hingegen bei Einstein. Eine weitere
Besonderheit zeigt die Beschleunigung. Sie ist in der SRT und bei Newton eine
absolute Größe, während sie in der ART relativ ist. Man muss also zumindest bei
der Physik aufpassen, wenn man lapidar sagt: Alles ist relativ (Tab. 5.2).

Tab. 5.2 Relative und absolute Begriffe bei Newton und Einstein

Theorien/ Physikalische Begriffe	Newtonsche Theorien	Spezielle Relativitätstheorie	Allgemeine Relativitätstheorie
Lichtgeschwindigkeit	Wird nicht berücksichtigt	Endlich, Absolut	Endlich, Absolut
Raum	Absolut	Relativ	Relativ
Zeit	Absolut	Relativ	Relativ
Ort	Relativ	Relativ	Relativ
Geschwindigkeit	Relativ	Relativ	Relativ
Beschleunigung	Absolut	Absolut	Relativ

---

[3]Es ist manchmal ganz interessant in Einsteins Originalarbeiten nachzulesen, wie er seine
Theorien erklärt und herleitet.

5.7   Geometrie und Materie: gekrümmter Raum

Wenn ein Käfer an einem gekrümmten Ast entlang kriecht,
merkt er nicht, daß der Ast krumm ist.
Ich hatte das Glück zu bemerken,
was der Käfer nicht bemerkt hatte.
A. Einstein

Wir haben gelernt, dass die Masse eines Körpers eine Gravitationskraft erzeugt,
die auf einen anderen Körper wirkt. Durch die Gravitation bekommt die Masse
eines Körpers ein Gewicht, seine Masse wird schwer. Um einen Körper in
Bewegung zu bringen, bedarf es der Überwindung seiner trägen Masse. Das hat
Newton schon vor über dreihundert Jahren erkannt.

Aber erst Einstein hat die Äquivalanz von schwerer und träger Masse zum Prinzip erhoben und festgestellt, dass die Masse eines Körpers auch die sie umgebende
Geometrie, sprich den uns umgebenden dreidimensionalen Raum verändert: je
größer die Masse ist, desto größer ist ihr Einfluss auf die Geometrie (Abb. 5.4)!

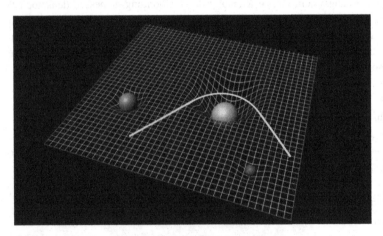

Mit freundlicher Genehmigung der ESA, © ESA-Christophe Carreau.
Quelle: http://www.esa.int/spaceinimages/Images/2015/09/Spacetime_curvature,
der „Lichtweg" wurde vom Autor stark übertrieben eingezeichnet.

Abb. 5.4 Raumkrümmung durch Materie (Masse): Änderung der Geometrie und des
Lichtweges. (Raum ohne Materie: ebene euklidische Geometrie, gerader Lichtweg. Raum
mit Materie: gekrümmte Riemann'sche Geometrie, krummer Lichtweg. Je größer die
Masse ist, desto stärker ist die Raumkrümmung.)

Dies führt dazu, dass auch der Lichtweg, der normalerweise geradlinig verläuft, gekrümmt ist. Darüber hinaus wird die Bewegung eines Körpers von der Geometrie beeinflusst. Wir werden dazu noch Beispiele finden. Diese Tatsachen sind von fundamentaler Bedeutung in der ART.

Wir wiederholen noch einmal: Sowohl die Zeit als auch der Raum (Geometrie) ändern sich unter dem Einfluss einer Beschleunigungskraft bzw. einer Gravitationskraft. Ursache dafür ist die Masse eines Körpers. Der Raum ist deshalb gekrümmt. Die Raumkrümmung bestimmt die Bewegung eines Körpers und den Verlauf des Lichtweges.[4] Diese Krümmung des Raumes ist nicht zu verwechseln mit der Krümmung einer Oberfläche, z. B. mit der einer Kugel!

Zum Schluss dieses Kapitals wollen wir noch die berühmten Gleichungen erwähnen, mit denen Einstein die ART beschreibt. Man nennt sie die Einstein'schen Feldgleichungen, sie lauten:

$$R_{\mu\nu} - \frac{R}{2}g_{\mu\nu} + \Lambda g_{\mu\nu} = \frac{8\pi G}{c^4}T_{\mu\nu}$$

Es sind insgesamt sechzehn (!) Gleichungen, bei Newton ist es nur eine Gleichung. Sie sind sehr schwer herzuleiten, ebenso die daraus resultierenden Lösungen. Wir können aber eine qualitative Aussage machen, die für den Leser oder die Leserin vielleicht überraschend sein wird:

Die linke Seite der Gleichung ist die Raumkrümmung und beinhaltet ausschließlich *geometrische* Größen [Dimension m^{-2}], während der T-Ausdruck auf der rechten Seite verschiedene Formen von Energiedichten, d. h. Energie pro Volumen, darstellt. Sie werden mit einigen Konstanten multipliziert, die wir kennen. Warum es gerade diese Konstanten sein müssen, kann man auch zeigen. *Geometrie und Energiedichte sind also proportional zueinander.* Diese Gleichungen enthalten auch die Newton'sche Mechanik und Gravitationstheorie, die Spezielle Relativitätstheorie sowie die Maxwell'sche Elektrodynamik. Darüber hinaus kann man mit ihnen auch z. B. Schwarze Löcher und die zeitliche Expansion des Universums berechnen. Einfach genial.

In den nächsten Kapiteln werden wir einige Experimente und Lösungen dazu erwähnen, mit denen die Gültigkeit der Allgemeinen Relativitätstheorie mit großer Genauigkeit bestätigt wurde.

---

[4]Der Weg des Lichtes ändert sich aber auch, wenn das Licht von einem Medium in ein anderes übergeht, z. B. von Luft ins Wasser. Dies nennt man Lichtbrechung und ist ein völlig anderer Vorgang, der mit dem verschienenen Brechungsindex von Luft und Wasser zu tun hat.

Experimentelle Bestätigungen und Anwendungen der ART

6

6.1 Periheldrehung des Planeten Merkur

Dies ist eines der klassischen Experimente zur ART, von denen wir noch drei weitere kennenlernen werden. Wir alle haben schon in der Schule gelernt, dass sich Planeten auf einer ellipsenförmigen Umlaufbahn um die Sonne bewegen. Dabei befindet sich die Sonne in einem Brennpunkt der Ellipse. Diese Tatsache ist schon seit Kepler (1609) bekannt. Als Perihel bezeichnet man den kürzesten Abstand der Planetenbahn von der Sonne, Abb. 6.1.

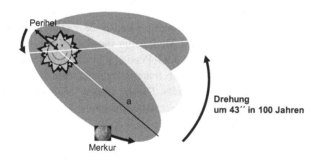

Periheldrehung des Merkur

Perihel

Drehung
um 43″ in 100 Jahren

Merkur

a = große Halbachse der Merkurbahn

Abb. 6.1 Periheldrehung des Merkur. (Die Bahn des Merkur um die Sonne ist nach dem Keppler'schen Gesetz eine Ellipse, die immer dieselbe Richtung im Raum hat. Astronomen haben jedoch entdeckt, dass sich das Perihel der Ellipse geringfügig im Raum dreht, was man sich aber nicht erklären konnte: es sind nur 43 Bogensekunden in einhundert Jahren. Erst Einstein gelang es mit seiner ART diese Abweichung zu berechnen.)

© Springer Fachmedien Wiesbaden GmbH, ein Teil von Springer Nature 2018
B. Sonne, *Allgemeine Relativitätstheorie für jedermann,* essentials,
https://doi.org/10.1007/978-3-658-24129-2_6

Das Perihel des Merkur dreht sich nach der Newton'schen Gravitationstheorie, von der Erde aus beobachtet und durch den Einfluss anderer Planeten, rosettenförmig mit einem *berechneten* Wert von 5557,62" (Bogensekunden) in einhundert Jahren. (Ein Vollkreis hat 360 Grad. Eine Bogensekunde ist der 3600-ste Teil eines Grades).

Ende des neunzehnten Jahrhunderts sind Astronomen auf eine merkwürde Diskrepanz zwischen den Messungen und der damals üblichen Newton'schen Theorie gestoßen, die man sich nicht erklären konnte. Die *gemessene* Drehung war um eine winzige Abweichung Δb von nur 43" Bogensekunden in *einhundert* Jahren größer als die bisher berechnete. Dies sind nur 0,77 % Abweichung! Wie kann das sein? Die beobachteten Werte sind sehr genau gemessen worden. Die Ungenauigkeit beträgt nur ein Promille, was physikalisch gesehen ein hervorragendes Messergebnis ist.

Die Astronomen mussten sich noch ein paar Jahre bis zur Lösung des Rätsels gedulden. Erst Einstein konnte Anfang 1916 die Abweichung aufgrund seiner 1915 fertiggestellten ART erklären, und zwar genau um den fehlenden Betrag. Zu der Zeit hatten nur wenige Physiker Kenntnis von der ART, zumal sie mathematisch nicht ganz einfach zu verstehen ist. Insofern wurde sie auch nur von einigen Spezialisten beachtet. Die Formel für die Abweichung nach der ART dazu lautet[1] :

$$\Delta b = 6\pi G M \left/ \left(T c^2 a \left(1 - e^2 \right) \right) \right.$$

Dabei ist G die Newton'sche Gravitationskonstante, M die Masse der Sonne, c die Lichtgeschwindigkeit, a die große Halbachse und e die Exzentrizität der Bahn. T ist die Zeit für *einen* Umlauf des Merkur um die Sonne. Die hervorragende Übereinstimmung zwischen Theorie und Praxis, wenn man die astronomische Beobachtung so bezeichnen will, war ein erster Beleg dafür, dass die ART „richtig" ist. Das heißt nicht, dass die Newton'sche Theorie „falsch" ist, sondern diese Aussage bedeutet nur, dass die ART noch genauere Ergebnisse liefert als die bisherige Theorie.

---

[1]Δb ist im Bogenmaß rad angegeben, 1 rad $= 2\pi$. Die Umrechnung von rad in $\alpha°$ (Grad) lautet $\alpha^0 = $ rad $* 180°/\pi$.

Der öffentliche Durchbruch kam für Einstein mit seiner ART im Jahre 1919, als Arthur Eddington den experimentellen Nachweis erbrachte, dass das Licht eines Sternes durch das Gravitationsfeld der Sonne abgelenkt wird. Das bedeutet, dass der uns umgebende Raum nach Einstein *gekrümmt* ist. Bis dahin galt nach Euklid (3. Jh. v. Chr.) über 2300 Jahre lang, dass der Raum *gerade* ist. Damit wollen wir uns im folgenden Kapitel befassen.

6.2   Lichtablenkung im Gravitationsfeld

Anfang des zwanzigsten Jahrhunderts gehörte der englische Astronom Arthur Eddingten zu den wenigen Fachleuten, die die Mittel hatten und bereit waren, Einsteins ART zu überprüfen. Nach dieser Theorie konnte man berechnen, dass das Licht eines von der Erde entfernen Sternes im Gravitationsfeld der Sonne abgelenkt werden müsste. Dies war insofern nicht neu, als eine Ablenkung auch nach Newton berechnet werden kann, jedoch mit einem anderen Ergebnis als nach Einsteins ART. Dazu verwendete man wiederum die Einstein'sche Beziehung, dass nach seiner SRT die Energie des Lichtes in eine Masse, die das Licht besitzt, umgerechnet werden kann. Diese Tatsache kennen wir schon aus dem früheren Abschn. 3.1. Aber das so erhaltene Ergebnis nach Newton war nur genau halb so groß wie das nach der ART berechnete. Deshalb blieb nichts anderes übrig, als die ART experimentell zu überprüfen. Dazu benötigte man eine Sonnenfinsternis. Denn nur dann kann man Sternenlicht zugleich mit der durch den Erdschatten verdunkelten Sonne beobachten.

Eigentlich könnte man den Stern gar nicht sehen, da sich seine *wahre* Position – in diesem Experiment von der Erde aus gesehen – *hinter* der Sonne befindet. Diese wahre Position kennt man, wenn man den Stern ohne Einfluss der Sonne beobachtet, also wenn die Position der Sonne sehr weit von der Lichtbahn entfernt ist. Die von dem Gravitationsfeld der Sonne beeinflusste Lichtbahn ist nun

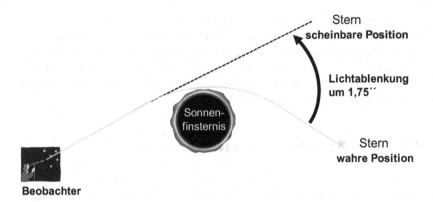

Abb. 6.2 Raumkrümmung und Lichtablenkung durch die Sonne. (Das Licht eines Sternes, das nahe an der Sonne vorbei auf die Erde trifft, wird bei einer Sonnenfinsternis beobachtet. Die wahre Position des Sternes kann man berechnen. Aber man sieht eine scheinbare Position des Sternes, da das Licht in der Nähe der Sonne abgelenkt wird: es sind 1,75 Bogensekungen, die sich mit der ART berechnen lassen.)

gekrümmt, sodass wir den Stern trotz seiner Verdeckung durch die Sonne in Wirklichkeit doch sehen können und zwar auf einer *scheinbaren* Position, s. Abb. 6.2.

Unter Eddingtons Leitung fand 1919 eine sehr aufwendige Expedition statt, um zu einer beobachtbaren totalen Sonnenfinsternis zu gelangen. Die astronomischen Messverfahren waren zur damaligen Zeit auch nicht ganz einfach zu bewerkstelligen und auszuwerten. Dennoch gelang es, das Rechenergebnis der ART von 1,75″ (Bogensekunden) experimentell mit einer Unsicherheit von 20 % zu bestätigen. Das erscheint nicht so besonders gut zu sein. Es hat aber die Fachwelt von der Bedeutung der ART überzeugt. Der Erfolg von Theorie und Experiment wurde öffentlich in der Presse groß gefeiert, und Einstein wurde damit in aller Welt berühmt.

Die Messungen wurden inzwischen mehrfach mit besseren Verfahren als damals durchgeführt. An der Bestätigung der Lichtablenkung Δl mittels der

Vorhersage von Einsteins ART gibt es keinen Zweifel. Die Formel für die Lichtablenkung nahe der Sonne lautet im Bogenmaß:

$$\Delta l = 4GM \Big/ \left(c^2 R \right)$$

Die Formel ist wieder in rad angegeben. Dabei bedeuten G die Newton'sche
Gravitationskonstante, M die Masse der Sonne, c die Lichtgeschwindigkeit und R
ist der Radius der Sonne.

Was hat die Ablenkung des Lichtes in der Nähe einer großen Masse M
nun mit Raumkrümmung zu tun? Nach bisheriger Vorstellung ist der uns
umgebenden Raum euklidisch. Jede gedachte Linie zwischen zwei Punkten ist
gerade. Das Licht breitet sich von einem Stern auf einer geraden Linie zu einem
Beobachter auf der Erde aus. Eine Masse besitzt aber auch ein Gravitationsfeld.
Es umgibt kugelförmig eine Masse, ähnlich wie eine elektrisch geladene Kugel,
die von einem elektrischen Feld umgeben ist. Die kreisförmigen Linien des
Gravitationsfeldes nennt man Potenziallinien. Die Stärke der Potenziallinien ist
nach Newton GM/R. Dieser Ausdruck kommt auch in obiger Formel vor. Nach
der ART werden die geraden geometrischen Linien des Raumes gekrümmt und
zwar umso mehr, je näher die Linien beim Radius R der Masse liegen, s. a.
Abb. 5.3 und 5.4.

Im Falle unserer Sonne ist die Stärke ihres Gravitationsfeldes sehr klein.
Bei der Raumfahrt spielen ART-Effekte bei der Berechnung von Raketen- oder
Satellitenbahnen keine Rolle. Hier genügt es, wie gewohnt nach Newton zu rech-
nen. Dennoch kann man – wie oben erwähnt – ihren kleinen Einfluss auf die
Bahn des Lichtes berechnen und sogar messen. Allerdings spielen die kleinen
ART-Effekte (und auch SRT-Effekte) eine große Rolle bei präzisen Positions-
messungen mittels GPS (Global Positioning System), das wohl schon viele Auto-
fahrer und -innen benutzen und das wir weiter unten besprechen wollen.

6.3   Gravitative Rotverschiebung

Wir haben schon einige Ergebnisse der ART erwähnt und wenden uns nun der
gravitativen Rotverschiebung zu. Darunter versteht man eine Änderung der Lichtfrequenz zum Rot hin, sofern sich das Licht von einem größeren zu einem kleineren

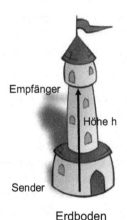

Empfänger

Höhe h

Sender

Erdboden

Änderung der Lichtfrequenz, da sich das Gravitationsfeld mit der Turmhöhe h verändert.

Abb. 6.3 Änderung der Gravitation: Rotverschiebung des Lichtes. (Von der Erde wird ein Lichtsignal in die Höhe geschickt. Das Gravitationsfeld ist auf Höhe des Turmes geringer als das auf der Erde. Die Lichtfrequenz wird deshalb am Empfänger geringfügig kleiner gemessen als beim Sender. Dies bezeichnet man als Rotverschiebung. Auch diese Abweichung lässt sich der ART berechnen.)

Gravitationspotenzial bewegt, Abb. 6.3. Rotes Licht hat eine kleinere Frequenz als blaues. Die umgekehrte Lichtbewegung ist deshalb eine Verschiebung zu blau hin.

Wir kennen einen Effekt, der auch eine Frequenzänderung bewirkt, den Doppler-Effekt, der durch die Bewegung eines Beobachters zur Lichtquelle hin oder weg von ihr bewirkt wird. Diesen Effekt nutzt man z. B. bei Geschwindigkeitskontrollen mittels Radar. Im Falle einer gravitativen Frequenzverschiebung ist die Ursache davon nicht die Bewegung des Beobachters, sondern die Bewegung der Licht-wellen zwischen verschiedenen Gravitationspotenzialen, wobei sich die Lichtquelle nicht bewegt. Aber wieso ändert sich die Frequenz? In Abschn. 5.4 war von einer Änderung der Zeit die Rede. Nun kann man eine vollständige Lichtwelle als Zeit-takt einer „Lichtuhr" auffassen. Dieser Zeittakt ist aber umgekehrt proportional zur Lichtfrequenz, die sich deshalb auch ändert.

In einem Experiment von Pound und Repka wurde 1960 diese Frequenzänderung nachgewiesen. In einem Turm befand sich am Boden (Erdpotenzial) eine Lichtquelle (Gammastrahlung), die senkrecht auf die Erde nach oben (Turmpotenzial) strahlte. In ca. 22,6 m Höhe befand sich ein Empfänger. Die relative Änderung der Empfangs-frequenz zur Senderfrequenz berechnet sich vereinfacht zu:

$$\Delta f / f = gh \big/ c^2$$

wobei g die Erdbeschleunigung ist, h die Höhe des Turmes und c^2 das Quadrat der Lichtgeschwindigkeit.

Die gemessene Ungenauigkeit betrug etwa nur 1 % der theoretischen Vorhersage von etwa $\Delta f/f \approx 2,5*10^{-15}$. Man konnte diesen sehr kleinen Frequenzunterschied nur mithilfe des sogenannten Mößbauer-Effektes feststellen. Die Erklärung, wie dieser funktioniert, würde aber hier zu weit führen.

Es gibt noch eine weitere Rotverschiebung, die durch die Ausdehnung des Raumes hervorgerufen wird, s. Abschn. 7.4.

Drei andere Experimente, die ebenfalls die Gültigkeit der ART nachgewiesen haben, sind: die Laufzeitverzögerung des Lichtes, ein Flug um die Erde mit Atomuhren und die Änderung der Achsenrichtung eines rotierenden Kreisels (Stichwort Gravity Probe B). Dies wollen wir jetzt zeigen.

6.4 Radar-Laufzeitmessung

Ein Radarsignal wird von der Erde zur Venus geschickt (Shapiro 1968, 1971), dort reflektiert und wieder auf der Erde registriert. Venus, Sonne und Erde liegen auf einer geraden Linie. Die Laufzeit des Signals wird dann hauptsächlich durch die Masse der Sonne beeinflusst (s. Abb. 6.4):

**Laufzeitverzögerung
von Radarsignalen
zwischen Erde und Venus**

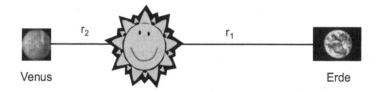

Venus   Erde

Sonne: Masse M, Radius R

r_1 = Entfernung Sonne – Erde
r_2 = Entfernung Sonne – Venus

Abb. 6.4 Radar-Laufzeitmessung zwischen Erde und Venus. (Es gibt in der Nähe der Sonne nicht nur eine Lichtablenkung. Sondern es wird auch die Laufzeit des Lichtes verändert, wenn man von der Erde aus ein Lichtsignal (Radarsignal) zur Venus schickt. Sie befindet sich von der Erde aus gesehen „hinter" der Sonne. Das Signal wird dort reflektiert und wieder auf der Erde empfangen. Gegenüber der normalen Laufzeit gibt es eine sehr geringe Abweichung, die man messen (Praxis) und berechnen (Theorie) kann. Beides stimmt sehr gut überein.)

$$\Delta\tau = \frac{4GM}{c^3} \ln \frac{4r_1 r_2}{R^2}$$

In dieser vereinfachten Formel für den Hin- und Rückweg ist G wieder die Newton'sche Gravitationskonstante, M die Masse und R der Radius der Sonne, c die Lichtgeschwindigkeit. Die Strecke r_1 ist die Entfernung zwischen Sonne und Erde und r_2 die Entfernung von Sonne und Venus. Die normale Laufzeit nach Newton beträgt $\Delta t = 2(r_1 + r_2)/c$. Die obige Formel ist ein Korrekturterm, der u. a. den Einfluss der Sonnenmasse auf die Laufzeit zwischen Erde und Venus berücksichtigt. Hier steht im Nenner c^3! Bisher hatten wir es „nur" mit c^2 zu tun. Numerisch ergibt sich $\Delta\tau \approx 240$ µs.

6.5   Flug mit Atomuhren

Hafele und Keating hatten 1971 ein Experiment durchgeführt, bei der die Zeitdifferenz einer Flugzeuguhr mit der einer Uhr auf der Erde verglichen wurde. Dabei spielt die Drehung der Erde Ω_e um sich selbst auch noch eine Rolle und ob sich das Flugzeug mit der Erddrehung ($+v$) oder gegenläufig ($-v$) bewegt. Die relative Änderung der Flugzeuguhr bezüglich der Uhrzeit auf der Erde lautet vereinfacht bei einer äquatorialen Flugbahn:

$$\left(\tau_f - \tau_e\right)/\tau_e = gh\left/c^2 - \frac{v^2}{2c^2}\left(1 + 2r_e\Omega_e\left/v\right)\right.\right.$$

Wobei τ_f und τ_e die Eigenzeiten für einen Flugumlauf im Flugzeug bzw. auf der Erde sind, g = Erdbeschleunigung, h = Höhe des Flugzeuges über der Erde, r_e = Erdradius, c = Lichtgeschwindigkeit. Der erste Term in der obigen Gleichung berücksichtigt die Gravitation (ART). Der zweite Term (SRT) enthält die Geschwindigkeit v des Flugzeuges sowie die Drehgeschwindigkeit Ω_e der Erde. Als Ergebnis erhält man für ($-v$) $2{,}13*10^{-12}$ und für ($+v$) $-0{,}95*10^{-12}$, was sich mit Atomuhren messen lässt, siehe unter (Berry 1990).

6.6   Experiment Gravity Probe B

Worum geht es bei diesem Experiment? Aus der Newton'schen Mechanik ist bekannt, dass die Richtung der Achse eines rotierenden Kreisels, Spin genannt, im Raum stabil bleibt. Wenn sich der Kreisel im freien Fall befindet, dann zeigt die Achse immer in dieselbe Richtung, sofern man einen festen Bezugspunkt für die Achse hat. Ein Satellit bewegt sich um die Erde im freien Fall. Damit sind alle Objekte im Satelliten schwerelos, also auch ein rotierender Kreisel. Aber es gibt doch geringe Abweichungen der Achsenrichtung. Die ersten Berechnungen nach der ART kamen von de Sitter (Geodätischer Effekt 1916), sowie der nach Lense und Thirring benannte Effekt (1918).

Erst sehr viele Jahre später kamen die Ideen zu einem Experiment von Pugh (1959) und Schiff (1960). Es hat dann noch über vierzig Jahre gedauert, bis die Technik für das Experiment zur Verfügung stand. Nicht nur dass man einen Satelliten auf eine geeignete Umlaufbahn schicken musste. Auch die experimentelle Technik erforderte eine bisher nie dagewesene Präzision. Ein Beispiel: die geforderte Messgenauigkeit beträgt weniger als $0,5 * 10^{-3}$ Bogensekunden pro Jahr. Das entspricht einem Winkel, den der Durchmesser eines menschlichen Haares (ca. 0,05 mm) in 20,6 km Entfernung bildet! Denn: Im Experiment Gravity Probe B ändert sich nach der Theorie die Richtung der Achse geringfügig um 6,6 Bogensekunden pro Jahr, zum einen durch die Bewegung des Satelliten um die Erde, und zum anderen durch die Eigendrehung der Erde um nur winzige 0,039 Bogensekunden pro Jahr.

Das Experiment sah folgendermaßen aus: Ein in einem Satelliten befindlicher, rotierender Kreisel fliegt im freien Fall auf einer polaren Bahn um die Erde, die sich um sich selbst dreht (Abb. 6.5). Die Kreiselachse ist auf einen aus Sicht der

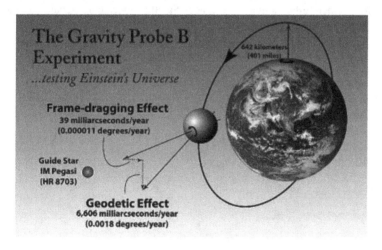

Änderung der Kreiselachse durch
die Bewegung des Satelliten *und* die
Drehung der Erde um die eigene Achse

Image Credit:
The Gravity Probe B Image and Media Archive,
Stanford University, Stanford, California USA

Abb. 6.5 Experiment Gravity Probe B. (Zur Erklärung der Abbildung sei auf den Text verwiesen.)

Erde nahezu bewegungslosen Stern IM Pegasi ausgerichtet, der sich in einer Entfernung von 300 Lichtjahren zur Erde befindet. Genau genommen bewegt sich dieser Stern auch minimal. Um dessen Bewegung zu ermitteln, bezieht man die Position des Sternes auf einen Quasar, der so weit von der Erde entfernt ist, dass dessen Bewegung außerhalb der Messgenauigkeit liegt, die für das Experiment erforderlich ist. Die Messergebnisse haben gezeigt, dass auch hier Theorie und Experiment sehr gut übereinstimmen, siehe unter (Everitt et al. 2011).

6.7　Global Positioning System (GPS)

Wir kommen nun zu der wohl wichtigsten praktischen Anwendung der ART, dem Global Positioning System (GPS). Diese englische Bezeichnung hat sich auch in Deutschland eingebürgert und wird in Autos, Schiffen und Flugzeugen verwendet. Es handelt sich um ein automatisches System, mit dem man den Standort eines Fahrzeuges auf der Erde (oder in der Luft) sehr genau bestimmen kann. Dies geschieht im Prinzip wie folgt.

Ein in einer Erdumlaufbahn fliegender Satellit sendet Funksignale zu einem Empfänger im Fahrzeug, Abb. 6.6.

GPS:
Der Messfehler der Position
des Autos beträgt *ohne*
Relativitätstheorie (SRT und ART)
ca. 13 cm pro Sekunde.

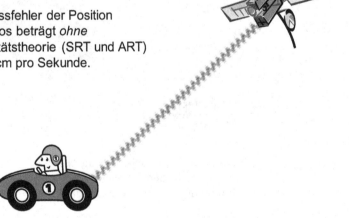

Abb. 6.6 Änderung der Funkfrequenz im GPS durch Gravitation und Geschwindigkeit. (Dies ist bisher für die Allgemeinheit die wohl wichtigste Anwendung von SRT und ART. Ohne die Ergebnisse beider Theorien würde man sein Fahrziel deutlich verfehlen! Näheres dazu im Text.)

Das Signal ist mit einer Zeitmessung verbunden. Je nach Ort des Empfängers ändert sich die Laufzeit des Signals zum Empfänger. Mit einer Differenzmessung der Laufzeit kann man ziemlich genau den Standort und die Richtung, in der sich das Fahrzeug bewegt, bestimmen.

Jetzt kommen die SRT und die ART ins Spiel. Der Satellit fliegt auf einer stationären Umlaufbahn um die Erde, mit einer Geschwindigkeit v und in einer Höhe r_s (auf den Erdmittelpunkt bezogen). Der Erdradius ist r_e, die Erdmasse M_e. Die Stärke der Gravitation der Erde nimmt aber mit zunehmender Höhe ab. Wir haben gelernt, dass die Gravitation einen Einfluss auf die Lichtfrequenz hat, siehe das Experiment zur Rotverschiebung, Abschn. 6.3. Da die Frequenz den Zeittakt bestimmt, ändert sich dieser. Es gilt:

$$\Delta\tau_s / \Delta\tau_e = 1 - GM_e \Big/ \left(c^2 (1/r_s - 1/r_e) \right) - v^2 \Big/ \left(2c^2 \right)$$

$\Delta\tau_s$ ist ein im Satelliten abgelaufenes Eigenzeitintervall. $\Delta\tau_e$ ist dann das entsprechende Zeitintervall auf der Erde. G ist die Newton'sche Gravitationskonstante, v die Geschwindigkeit des Satelliten (SRT). Im Nenner des zweiten Terms steht $(1/r_s - 1/r_e)$, da es nur auf die Differenz des Gravitationspotenzials (ART) von Erde und Satellit ankommt. c ist wie gehabt die Lichtgeschwindigkeit. Wir sehen in obiger Gleichung, dass Einflüsse von SRT und ART *gegenläufig* zur Frequenzänderung beitragen. Numerisch ergibt sich $\Delta\tau_s/\Delta\tau_e \approx 1 + 4{,}44 * 10^{-10}$, was einer geringen Abweichung der Signalfrequenz des Satelliten, die auf der Erde ankommt, entspricht. Multipliziert man den Korrekturterm mit der Lichtgeschwindigkeit, dann erhält man eine Ortsabweichung auf der Erde von 13,3 cm pro Sekunde. Nach 10 min würde man das Ziel schon um 79,8 m verfehlt haben! Um diese Abweichung zu kompensieren, wird die Signalfrequenz geringfügig verstellt. Es gibt noch andere Korrekturen, auf die wir hier nicht eingehen, siehe unter (Ashby 2003). Wie gut, dass es für GPS Einsteins SRT und ART gibt.

6.8 Gravitationswellen

Wir wissen, dass es elektromagnetische Wellen gibt, die sich im Vakuum mit Lichtgeschwindigkeit ausbreiten. Dies hat Maxwell in seinen berühmten Gleichungen Ende des neunzehnten Jahrhunderts festgehalten. Sie entstehen, wenn z. B. Elektronen in einer Antenne zu Schwingungen angeregt werden. Die Antenne strahlt dann elektromagnetische Wellen ab. Diese Wellen hat Heinrich Hertz 1886 nachgewiesen, was schließlich zur Erfindung des Radios geführt hat.

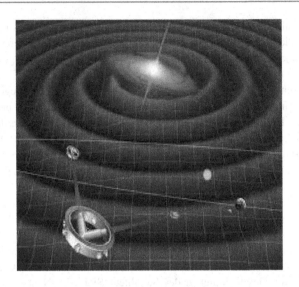

Gravitationswellen werden u.a. durch die
Explosion von Sternen hervorgerufen
und breiten sich mit Lichtgeschwindigkeit aus

Bildquelle: https://www.elisascience.org/

Abb. 6.7 Gravitationswellen durch explodierende oder sich umkreisende Sterne. (Gravitationswellen, die sich mit Lichtgeschwindigkeit ausbreiten, sollte es auch nach der ART geben. Sie sind sehr schwer messen, da die Intensität extrem gering ist. Dennoch ist es kürzlich gelungen, Gravitationswellen mit Hilfe von Interferometern nachzuweisen.)

Neben den elektromagnetischen Wellen gibt es nach Einstein auch Gravitationswellen, die sich in den Gleichungen seiner ART verbergen, Abb. 6.7. Sie breiten sich wie elektromagnetische Wellen ebenfalls mit Lichtgeschwindigkeit aus. Gravitationswellen entstehen immer dann, wenn Massen beschleunigt werden, also auch bei der Bewegung von Planeten um die Sonne. Allerdings ist die Intensität dieser Wellen zu gering, um sie nachweisen zu können. Die Lichtgeschwindigkeit, die in die Berechnungen eingeht, steht mit c^5 im Nenner der Formeln! Die Messungen werden durch viele äußere Störungen stark beeinflusst, die einen Nachweis erheblich erschweren. Es geht bei den Experimenten also hauptsächlich darum, die Störungen auszuschalten.

Die ersten Experimente dazu unternahm Joseph Weber in den 1960er Jahren, indem er versuchte, die Ausdehnung eines Aluminiumzylinders, die durch Gravitationswellen zustande kommen kann, zu messen. Diese Versuche führten zwar nicht zum Erfolg, gingen aber dennoch in die Geschichte ein. Besser wird der Nachweis, wenn große Sterne explodieren (Supernova Typ II) oder wenn man Doppelsternsysteme betrachtet, die sich gegenseitig umkreisen.

So gelang Taylor und Hulse 1974 ein indirekter Nachweis, indem sie ein Doppelsternsystem mit Namen PSR 1913+16 untersuchten. Diese Doppelsterne haben eine sehr große Masse, umkreisen sich gegenseitig und strahlen dabei Gravitationswellen ab. Der damit verbundene Energieverlust des Systems führt zu einer Verringerung der Umlaufzeiten der Sterne. Und genau dieser Sachverhalt konnte gemessen werden. Er stimmte mit der theoretischen Vorhersage sehr gut überein!

Seit neuestem (2015) sind Gravitationswellen auch direkt nachgewiesen worden, u. a. in den Experimenten LIGO (Stanford) und GEO600 (Hannover), siehe unter (Guilini und Kiefer 2017). Dies geschah mithilfe von Laser-Interferometern, deren Armlänge von Gravitationswellen geringfügig verändert wird. Die unvorstellbare kleine Längenänderung von nur 10^{-17} m stellte extrem hohe Ansprüche an die Messtechnik. Dennoch konnte die ART erneut erfolgreich verifiziert werden!

6.9 Schwarze Löcher

Schwarzes Loch: dieser Begriff geistert schon seit geraumer Zeit durch die Medien, ohne dass vermutlich die meisten Leute eine genaue Vorstellung davon haben, was es eigentlich damit auf sich hat. Im Prinzip ist es nicht neu. Wir alle haben schon von der „Fluchtgeschwindigkeit" v gehört, die eine Rakete benötigt, um der Gravitation der Erde zu entfliehen. Sie beträgt 11,2 km/s nach der Formel $v = (2GM/r)^{1/2}$, wobei G die Newton'sche Gravitationskonstante ist, M die Masse der Erde und r ihr Radius. Schon Laplace hat 1798 die Bedeutung der Formel erkannt, wenn man die Formel umdreht: $r = 2GM/v^2$. Wenn man jetzt für v die Lichtgeschwindigkeit c einsetzt, dann erhält man für den Erdradius ca. 1 cm. Dies

Schwarzes Loch:
Licht kann den Stern
wegen dessen Masse
nicht verlassen

Erde auf ca. 1 cm Radius geschrumpft.

Sonne auf ca. 3 km Radius geschrumpft.

Im Zentrum der Milchstraße
Ist ein Schwarzes Loch

Sonne

Abb. 6.8 Schwarze Löcher: sie sind unsichtbar! (Wenn der Radius eines Sterns so klein wie sein Schwarzschild-Radius ist, dann kann kein Licht mehr entweichen: er ist dann ein Schwarzes Loch. Man kann den Stern nicht mehr sehen. Aber man kann seinen Einfluss auf die nähere Umgebung feststellen, indem er z. B. Materie an sich zieht und zum Leuchten bringt.)

ist der Schwarschild-Radius aus Abschn. 5.4 für die Erde. Sofern die Erde leuchten würde, könnte das Licht nicht mehr entweichen: die Erde wäre unsichtbar, also ein Schwarzes Loch. Bei der Sonne würde ihr Radius bei ca. 3 km liegen, Abb. 6.8.

Aber wie entstehen überhaupt Schwarze Löcher? Auch darüber gibt die ART Auskunft. Sterne haben eine sehr große Masse. Seine Gravitationskraft versucht den Stern zusammenzudrücken. Dem wirkt ein innerer thermischer Druck des Sternes entgegen. Normalerweise befindet sich ein Stern also im Gleichgewicht. Wenn aber ein Stern seine Energie verbraucht hat, dann gibt es mehrere Möglichkeiten, die man berechnen kann. Entweder er wird zu einem Weißen Zwerg, oder er wird zu einem Neutronenstern, oder er kollabiert zu einem Schwarzen Loch. Das hängt im Wesentlichen von seiner Masse und kernphysikalischen Prozessen in seinem Inneren ab. Auf Einzelheiten können wir hier aber nicht weiter eingehen.

Schwarzen Löcher besitzen nur noch drei Eigenschaften: die Masse, die Ladung und den Drehimpuls. Alle anderen Eigenschaften, die andere Körper noch haben, gibt es bei Schwarzen Löchern nicht mehr. Man kann zwar Schwarze Löcher nicht sehen, aber man kann sie dennoch indirekt im Weltall beobachten. Beispielsweise werden interstellare Gaswolken von einem Schwarzen Loch angesogen und aufgeheizt, sodass diese Gaswolken Energie in Form von Strahlung, die man messen kann, abgeben.

Wir haben oben gesagt, dass Licht aus einem Schwarzen Loch nicht entweichen kann. Aber nach den Gesetzen der Quantenmechanik es gibt dennoch eine Strahlung, die mit einer sehr geringen Wahrscheinlichkeit entweichen kann (Hawking-Strahlung). Diese Strahlung führt dazu, dass ein Schwarzes Loch im Laufe von sehr vielen Milliarden Jahren eines Tages „verdampft", sich also selbst auflösen wird.

Rotierende Schwarze Löcher sind auch als Energiespender denkbar (nach Penrose in Misner et al. 1973). Dazu wird ein Materieteilchen in die Nähe eines Schwarzen Loches geschickt. Dann zerfällt das Teilchen in zwei Teile, eines davon fällt in das Loch, das andere kommt wieder zurück. Dieses hat aber mehr Energie als das ursprüngliche Teilchen. Ursache dafür ist ein verringerter Drehimpuls des Schwarzen Loches. Man müsste also nur das entweichende Teilchen wieder auffangen. Das klingt wie „Science-Fiction", lässt sich aber berechnen.

Einem Astronauten, der in ein Schwarzes Loch „fällt", würde es ziemlich schlecht ergehen. Er würde wegen der extremen Gravitationskraft, die in der Umgebung eines Schwarzen Loches herrscht, in die Länge gezogen und gleichzeitig seitlich zusammengedrückt. Selbst wenn er diese Situation überstehen würde, hätte er – wie das Licht – keine Chance, dem Schwarzen Loch wieder zu entkommen.

Die Gravitationskraft sorgt auch dafür, dass der Astronaut – von der Erde aus berechnet – eine unendlich lange Zeit benötigt, um zu einem Schwarzen Loch zu gelangen. Seine Lichtsignale, die er zu uns sendet, würden uns nie erreichen. Er selbst würde aber mit seiner Uhr eine endliche Zeit messen. Weshalb ist das so? Auch dabei ist der Unterschied zwischen Eigenzeit und Koordinatenzeit sehr wichtig. Die Uhr auf der Erde zeigt die Koordinatenzeit an, die für den Astronauten berechnet wird. Nach der Koordinatenzeit erreicht er das Schwarze Loch erst nach unendlich langer Zeit. Die Uhr des Astronauten hingegen zeigt seine Eigenzeit an. Sie läuft ganz normal weiter, sodass er die Entfernung zum Schwarzen Loch auch nach endlicher Zeit überwinden kann, s. a. Abschn. 5.4.

6.10   Zeitreisen

Wo wir schon bei Astronauten angelangt sind, ergibt sich zwangsläufig das Thema Zeitreisen, das wir jetzt kurz erwähnen wollen. Wie oft hat man sich schon gewünscht: wenn ich in meine frühere Zeit zurückreisen könnte, würde ich manches anders machen. Oder wenn ich in die Zukunft reisen könnte, dann würde ich sehen, was mich in meinem späteren Leben alles erwartet. Sind also Zeitreisen möglich? In Science-Fiction-Romanen sind sie kein Problem. Man baut sich eine Zeitmaschine und je nachdem welchen Schalter man betätigt, reist man in die Vergangenheit oder in die Zukunft.

Wir wollen uns Zeitreisen etwas genauer ansehen und zwischen den technischen Möglichkeiten, den mathematischen Lösungen und den physikalischen Gegebenheiten unterscheiden.

Technisch gesehen ist es zumindest prinzipiell denkbar, dass man eines Tages so viel Energie in einem Raumschiff zur Verfügung hat, um über lange Zeit mit fast Lichtgeschwindigkeit zu fliegen. Das Thema Überlichtgeschwindigkeit vergessen wir lieber. Denn Überlichtgeschwindigkeit ist nach der SRT für materielle Körper nicht möglich. Es sei denn, man verfügt zum Beispiel über imaginäre Massen, die aber noch niemand gefunden hat.

Mathematisch sehen Zeitreisen ganz gut aus. Sowohl nach der SRT als auch nach der ART sind Zeitreisen in die Zukunft möglich. Dabei stellt sich im berühmten Zwillingsparadoxon heraus, dass ein von der Erde ins Universum gereister Zwilling nach seiner Rückkehr jünger ist, d. h. langsamer gealtert, als der andere auf der Erde gebliebene Zwilling. Die ausführlichen Berechnungen dazu finden man in (Sonne und Weiß 2013).

Auch in die Vergangenheit kann man mathematisch gesehen ohne Probleme mit SRT und ART reisen, ja mit der ART sogar in eine andere Welt als die unsrige, Stichwort „Einstein-Rosen-Brücke", besser bekannt unter Kip Thornes Begriff „Wurmloch". Beide Welten sind dabei – bildlich gesprochen – über ein Loch verbunden, in dem extreme Gravitationskräfte herrschen.

Aber jetzt kommt das physikalische Aber! Hier tun sich gleiche mehrere unüberwindbare Gräben auf. Auch beim Wurmloch müssten wir negative Energien zur Verfügung haben, um von den Gravitationskräften nicht zerquetscht zu werden. Negative Energien hat jedoch noch niemand erzeugt.

Der wichtigste Punkt, der gegen Reisen in die Vergangenheit spricht, ist eine Verletzung des Kausalitätsprinzips. Was ist das? Unter Kausalität im physikalischen Sinne versteht man die Tatsache, dass eine Wirkung nicht vor ihrer Ursache stattgefunden haben kann. Die Kugel des Werfers (Abb. 5.2) kann nicht auf die

Erde treffen, *bevor* sie überhaupt geworfen wurde. Übertragen auf die Zeitreise in die Vergangenheit bedeutet Kausalität im Extremfall, dass man nicht vor den Zeitpunkt zurückreisen kann, vor dem man überhaupt geboren wurde, Stichwort „Großvater-Paradoxon". Es sei denn, man verändert die damalige Welt nicht, hat also keinen Einfluss auf sie. Aber schon durch die bloße Anwesenheit hat man die Welt verändert. Sie befindet sich nicht mehr in dem Zustand, wie sie vor der Ankunft des Zeitreisenden war. Eine Abhilfe könnte eine Reise durch das Wurmloch sein. Aber dann befänden wir uns in einer anderen Welt, nicht mehr in unserer ursprünglichen.

Entwicklung des Universums: Weltmodelle

7

Zwei Dinge sind unendlich: das Universum und die menschliche Dummheit.
Aber bei dem Universum bin ich mir nicht ganz sicher.
A. Einstein

7.1 Das kosmologische Prinzip

Die ART beschreibt aber nicht nur winzige zeitliche und räumliche Effekte, sondern ist auch in der Lage, wirklich große Dinge wie das Universum zu modellieren. Grundsätzlich geht man davon aus, dass das Universum „einfach" zu beschreiben ist. Einfach bedeutet, dass wir es nicht mit komplizierten Unregelmäßigkeiten zu tun haben. Wenn wir von uns aus in das Weltall blicken, dann sieht es im Großen und Ganzen überall gleich aus. Sterne gibt es überall und in jeder Richtung zu sehen. Der Blick ist zu jeder Zeit der gleiche, wenn man von kleinen Unregelmäßigen absieht. Sie sollen aber nicht ins Gewicht fallen.

Über große Entfernungen betrachtet, sind in jedem Teil des Universums gleichviele Galaxien zu sehen, die nicht auf eine Vorzugsrichtung verteilt sind. Man sagt, das Universum sei homogen und isotrop. Die Galaxien selbst werden deshalb wie eine ideale Flüssigkeit angesehen, deren Teilchen man eine Geschwindigkeit und Bewegungsrichtung zuordnen kann. Dies wird als Weyl'sches Postulat (1923) bezeichnet, das aber später als die ART so formuliert wurde. Einsteins ART ging aber schon von einem homogenen und isotropen Universum aus.

Die betrachtete Einfachheit brachte Einstein dazu, seine Theorie so „einfach wie möglich, aber nicht zu einfach" zu gestalten, um sinngemäß ein Zitat von ihm zu verwenden. Einfachheit bedeutet auch, dass zur SRT so wenig wie möglich neue mathematische Dinge hinzufügt werden sollen, um von der SRT zur ART zu gelangen: Prinzip der Einfachheit.

© Springer Fachmedien Wiesbaden GmbH, ein Teil von Springer Nature 2018
B. Sonne, *Allgemeine Relativitätstheorie für jedermann,* essentials,
https://doi.org/10.1007/978-3-658-24129-2_7

7.2   Das Olbers'sche Paradoxon

Bevor wir uns den Weltmodellen zuwenden, kommen wir zunächst noch zum Olbers'schen Paradoxon. In Jahre 1826 nahm Olbers an, dass das Universum statisch, also unveränderlich und unendlich sei. Dies würde aber bedeuten, dass der Himmel in der Nacht genauso hell sein müsste wie am Tag. Weshalb? Wenn das Universum unendlich viele Sterne enthielte, dann würde man immer auf einen Stern blicken, egal wohin man auch sieht. Die Leuchtkraft aller Sterne zusammen würde so hell sein, dass es auch in der Nacht bei uns hell wäre. Und dies, selbst wenn das Sternenlicht von irgendeiner Substanz auf dem Wege zu uns teilweise absorbiert würde. Das war paradox. Eine Lösung zeichnete sich ab, als Slipher 1912 und Hubble 1929 entdeckten, dass sich die Galaxien voneinander wegbewegen, sich das Universum also räumlich und zeitlich ausdehnt. In diesem Fall würde der Nachthimmel dunkel sein, wie man zeigen kann.

Die Beobachtung der Ausdehnung kannte Einstein zu seiner Zeit nicht. Er selbst nahm an, dass das Universum statisch sei. Dies konnte er nur zeigen, wenn er die ART mit einer „kosmologischen Konstante" versah. Wir kommen nun zur zeitlichen Entwicklung des Universums, wie man sie nach der ART berechnen kann.

7.3   Zeitliche Entwicklung des Universums

Was versteht man darunter? Man weiß, dass sich – vom heutigen Zeitpunkt aus gesehen – alle Galaxien mit einer gewissen Geschwindigkeit voneinander *wegbewegen*. Als Ursache dafür nimmt man an, dass es vor ca. 13,5 Mrd. Jahren einen sogenannten Urknall gegeben hat, Dieses Wort hat jeder wohl schon einmal gehört. Es gibt viele Hinweise darauf, dass tatsächlich ein Urknall stattgefunden hat. Ein wichtiges Indiz dafür ist die sogenannte 2,7 K Hintergrundstrahlung, die 1964 Penzias und Wilson zufällig entdeckt haben. Man kann sie überall im Weltall messen, wohin man auch blickt. Diese Strahlung wird als „Überbleibsel" des Urknalles angesehen. Sie war kurz nach dem Urknall sehr heiß und hat sich seitdem bis heute soweit abgekühlt.

Nun könnte es sein, dass sich die Galaxien, zu denen auch unsere Milchstraße mit Sonne und Erde gehören, in der Zukunft wieder aufeinander *zubewegen*. Auch in der Vergangenheit könnte eine Verlangsamung ihrer Ausbreitungsgeschwindigkeit stattgefunden haben. Der Grund ist die Gravitationskraft, mit der sich alle Massen anziehen, wie wir bereits wissen. Mithilfe der ART kann man nun verschiedene Modelle berechnen, wie der zeitliche Bewegungsablauf der Galaxien seit dem Urknall aussehen könnte.

Eine realistische Vorhersage erscheint zunächst sehr unwahrscheinlich zu sein. Man ist versucht zu sagen, alles sei nur „graue Theorie", mag sie noch so gut sein. Dieses „noch so gut" ist ein wichtiger Punkt der ART. Sie ist – mathematisch gesehen – tatsächlich sehr gut: in sich konsistent, d. h. sie enthält keine inneren Widersprüche. Einstein hat selbst einmal sinngemäß gesagt, „wenn nur eine Unstimmigkeit entdeckt würde, dann würde die gesamte Theorie hinfällig werden". Bisher ist es nicht gelungen, auch nur einen einzigen Fehler zu entdecken. Und man konnte bisher noch keinen Widerspruch zwischen Experiment und Vorhersagen nachweisen. Was die ART außerdem auszeichnet ist, dass sie die *einfachste* von alternativen Gravitationstheorien ist. Das bedeutet, dass die ART keine „Stellschrauben", sprich physikalische Parameter, benötigt, mit denen sich willkürlich eine Theorie modifizieren lässt. Natürlich hat die ART auch ein paar Parameter, um verschiedene Modelle zu berechnen. Sie lassen sich jedoch mit astronomischen Daten messtechnisch ermitteln, sodass am Schluss nur ein Modell übrig bleibt.

Man stellt sich zunächst in der ART vor, dass jede Galaxie (Materie) in dem riesigen Universum nur ein kleiner Punkt ist. Man spricht auch vom „kosmischen Substrat". Jeder Punkt (Galaxie) bewegt sich mit einer gewissen Geschwindigkeit. Wir werden noch sagen, worauf sich die Bewegung bezieht. Weiterhin brauchen wir die von Einstein eingeführte „kosmologische Konstante". Sie wird mit dem griechischen Buchstaben Λ (Lambda) geschrieben. Einstein benötigte sie, um sein statisches Modell, also ein unveränderliches Universum, einzuführen. Nach den Messungen von Hubble, wonach sich die Galaxien im Raum ausdehnen, verwarf Einstein seine Konstante wieder. Inzwischen verwendet man sie erneut für Modellrechnungen. Und dann braucht man nur noch einige physikalische Gleichungen, die die Materie mit der zeitlich veränderbaren Geometrie des Raumes verbindet. Das ist *alles!* Diese Gleichungen sind die oben erwähnten Einstein'schen Feldgleichungen.

Dann gibt es nach der ART zunächst drei Modelle: bei zweien dehnt sich das Universum künftig immer weiter aus. Man nennt diese Modelle auch FLRW-Modelle nach den Personen Friedmann, Lemaître, Robertson und Walker, die sie berechnet haben. Bei einem dritten Modell zieht sich das Universum eines Tages wieder zusammen und endet in einer großen Implosion aller Materie, aus denen

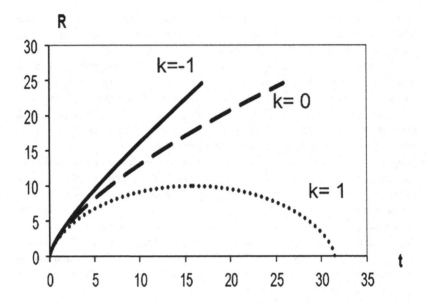

Modelle zur Expansion des Universums

k = 1 geschlossenes Universum
k = 0 offenes Universum
k = -1 offenes Universum
Λ = 0 kosmologische Konstante

Abb. 7.1 Weltmodelle mit verschiedener Krümmung des Universums. (Die ART gibt auch Auskunft darüber, wie man Modelle des Universums berechnen kann, je nachdem, welche Krümmung k das Universum selbst hat. So haben Astronomen festgestellt, dass sich unser Universum immer weiter in einem unendlichen Raum ausdehnt ($k=0$). Man kann sich dies zwar kaum vorstellen, aber dennoch messen. Einstein hat selbst auch ein statisches, d. h. unveränderliches Modell mithilfe seiner kosmologischen Konstante Λ (ungleich null) berechnet.)

dann wieder ein Urknall entstehen und alles von vorne beginnen könnte, Abb. 7.1. Man kann sogar ausrechnen, wie lange es bis zu diesem Zeitpunkt dauern würde: Es sind ca. 88 Mrd. Jahre. Eigentlich unglaublich! Im Vergleich dazu existiert unser Sonnensystem erst seit etwa 5 Mrd. Jahren. Die kosmologische Konstante wird dabei nicht berücksichtigt, da sie sehr klein ist (10^{-52} m^{-2}). Man kann zeigen, dass diese drei Modelle mit der sogenannten Krümmung k des Universums zu tun haben. Hier ist nicht die Krümmung gemeint, die eine Masse auf den Raum ausübt, sondern eine Krümmung des ganzen Universums. Bei $k = -1$ und $k = 0$ handelt es sich um ein offenes Universum. Ein geschlossenes Universum hat die Krümmung $k = 1$. Eine negative Krümmung hat z. B. ein Pferdesattel. Eine Ebene hat die Krümmung null. Eine Kugel hat eine positive Krümmung.

Die Vielseitigkeit von Einsteins ART zeigt sich auch darin, dass es nicht nur drei Modelle gibt, sondern noch weitere, einige mit Urknall und einige, die nicht auf dem Urknall beruhen.

Es soll jedoch nicht unerwähnt bleiben, dass es noch ungeklärte Dinge gibt. So ist z. B. die Dichte des beobachteten Universums um ein Vielfaches kleiner als es aufgrund der Ausbreitungsgeschwindigkeit der Galaxien sein müsste. (Die Dichte ist Bestandteil der Berechnungen.) Deshalb spricht man von fehlender oder dunkler Materie und Energie, die man bisher noch nicht gefunden hat.

7.4 Heutiges Modell

Welches Modell gilt denn nun nach heutigen Erkenntnissen? Es gibt Messungen, die Astronomen durchgeführt haben. Danach wird sich unser Universum, sprich die Galaxien, zeitlich und räumlich immer schneller und immer weiter ausdehnen. Die Messungen sind verträglich mit einem „flachen" Universum ($k = 0$). Die kosmologische Konstante ist größer als null. Das schwarze Rechteck in Abb. 7.2 zeigt das heutige Alter des Universums, der weiße Punkt den Entstehungszeitpunkt unserer Sonne vor ca. 5 Mrd. Jahren. Man kann sich eine zeitliche Ausdehnung leicht vorstellen, denn die physikalische Zeit läuft immer weiter. Aber was versteht man unter Ausdehnung der Galaxien im Raum? Diese Frage hängt davon ab, welches Koordinatensystem benutzt wird.

Man kann sich vorstellen, dass man sich *auf* einer Galaxie befindet, die sich im Raum bewegt. Dann bezieht sich der Ursprung des Koordinatensystems auf diese Galaxie. Es handelt sich hier um sogenannte *mitbewegte* Koordinaten. Wenn man dann von Ausdehnung des Raumes spricht, meint man, dass sich der räumliche Abstand zwischen der eigenen Galaxie und den anderen Galaxien mit der Zeit vergrößert. Bei dieser räumlichen Expansion wird das Licht der Galaxien ebenfalls nach rot verschoben. Dies zeigt die ART und wird durch Messungen bestätigt.

Im Falle von $k = 0$ kann sich aber auch vorstellen, dass der zeitliche und räumliche Ursprung des Koordinatensystems, also sein Nullpunkt, im Urknall selbst liegt. Man spricht dann von *explosiven* Koordinaten (Rebhan 2012). Sie bedeuten, dass sich die Entfernung der Galaxien vom Urknall aus gesehen zeitlich vergrößert. Nun kann man sich fragen, wohin sich unser Universum ausdehnt. Diese Frage kann aber nicht beantwortet werden, da sie nach (Misner et al. 1973) sogar eine „bedeutungslose" Frage ist. Niemand kann von außen auf den Raum sehen oder gar messen, wohin der Raum „fließt". Denn wir selbst befinden uns *innerhalb* dieses Raumes! Die heutige räumliche *sichtbare* Ausdehnung kann man jedoch angeben. Wie oben erwähnt, ist das Universum ca. 13,5 Mrd. Jahre alt. Licht bewegt sich mit ca. 300.000 km/s. Ein Jahr hat ca. 31,5 Mio. Sekunden. Ein Lichtjahr ist die Strecke, die das Licht in einem Jahr durchlaufen hat. Das ergibt ca. 9,5 Billionen km. Seit dem Urknall hat es sich demnach auf eine Strecke von ca. $1,3$ mal 10^{23} km ausgedehnt.

Unsere Raum-Zeit ist mit dem Urknall entstanden. Im Urknall war das Universum nach Einstein'scher ART unendlich klein und hatte eine unendlich große Dichte. Diese Konsequenz ergibt sich aus den Gleichungen. Jetzt drängt sich die Frage auf: ist die ART, wenn wir zeitlich und räumlich auf den Urknall selbst blicken, vielleicht doch nicht so gut wie bisher angenommen? Hier liegt tatsächlich eine Schwierigkeit, die auch Einstein sah. Bei extrem kleinen Ausdehnungen von Objekten, kommt die Quantentheorie ins Spiel, wie man zeigen kann. Die Quantentheorie selbst hat sich im „Kleinen" sehr gut bewährt, während die ART es ihrerseits im „Großen" gezeigt hat. Eine allgemeingültige Theorie, die beide Theorien miteinander verbindet, gibt es bisher noch nicht. Hier ist also noch „Handlungsbedarf" angesagt.

Das soll uns aber nicht davon abhalten, den Blick auf die großen Erfolge und praktischen Anwendungen der ART zu richten. Eine bessere, elegantere und „einfachere" Theorie, die alle sie betreffenden Erscheinungen erklärt, gibt es derzeit nicht! Zum Schluss wollen wir noch die „ganz einfache" Formel angeben, mit der man die zeitliche Ausdehnung nach heutiger Vorstellung berechnen kann:

$$R(t) = \left[\Omega \Big/ (2(1 - \Omega_0)) \cdot \cosh\left(t \cdot 3H_0 \sqrt{1 - \Omega_0} - 1 \right) \right]^{1/3}$$

wobei

$R(t)$ ist der sogenannte Skalenfaktor (kein Radius) und ein Maß für die Expansion des Universums.

$\Omega_0 =$ dimensionsloser Parameter für Materie $\approx 2,50 * 10^{-1}$, heutiger Messwert

$H_0 =$ Hubble'sche Konstante $\approx 2,27 * 10^{-18}$/s, heutiger Messwert

$t =$ Zeit in Sekunden/Jahr * Milliarden Jahre

1 Jahr hat ca. 31,5 Mio. Sekunden

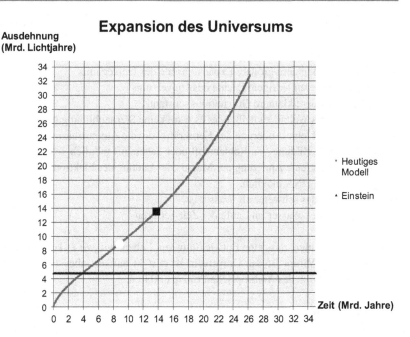

Abb. 7.2 Heutiges Modell: ewige Ausbreitung des Universums. (In dieser Abbildung sehen wir, wie sich das Universum nach heutiger Berechnung ausdehnen wird. Der schwarze Punkt zeigt den gegenwärtigen Zustand: Alter ca. 13,5 Mrd. Jahre. Die Ausdehnung, d. h. bis wohin wir überhaupt sehen können, sind ca. 13,5 Mrd. Lichtjahre. Der weiße Punkt zeigt an, wann unser Sonnensystem entstanden ist, also vor ca. 5 Mrd. Jahren. Damals hatte das sichtbare Universum eine Ausdehnung von ca. 8,5 Mrd. Lichtjahren.)

Diese Formel wird auch in (Sonne und Weiß 2013) hergeleitet. Wer Lust hat, kann damit den Kurvenverlauf in Abb. 7.2 nachrechnen.

7.5   Das Anthropische Prinzip

Wir kommen wir jetzt noch zu einem Thema, das auch mit unserem Universum, im dem wir leben, zu tun hat. Wenn wir von der Gültigkeit der physikalischen Gesetze zusammen mit den uns bekannten chemischen Elementen ausgehen, dann zeigt sich, dass extrem winzige Abweichungen von den beobachteten Messergebnissen sehr große Veränderungen unseres Daseins bewirken. Hier werden nur einige Beispiele erwähnt:

- Gäbe es eine kleinere/größere Expansionsrate des Universums
  oder eine höhere/niedrigere Dichte des Universums
  oder eine größere/kleinere Gravitationskonstante,
  dann wäre das Weltall zu heiß, oder es wäre keine Sternenbildung möglich.
- Gäbe es eine kleine Änderung der Kernkräfte, die die Atome zusammenhalten,
  so wäre keine Bildung von Kohlenstoff oder Sauerstoff möglich.
- Gäbe es eine kleine Änderung der Masse oder Ladung der Elektronen,
  so wäre keine DNA möglich.
- Gäbe es Eis, das schwerer als Wasser ist,
  dann wäre alles Wasser im Laufe der Zeit gefroren.

Dies würde bedeuten, dass eine Entwicklung von Leben, wie wir es kennen, nicht möglich wäre! Warum ist das Universum so perfekt auf uns abgestimmt? Dies lässt sich u. a. durch das Anthropische Prinzip erklären:

Wir beobachten nur das, was uns erlaubt zu existieren!
Diese etwas überraschende Formulierung bedarf einer genaueren Betrachtung. Man kann ausrechnen, dass unsere irdische Existenz unter physikalischen Gesichtspunkten ein extrem unwahrscheinlicher Zufall ist, siehe unter (Penrose 1990), den sich vielleicht ein Schöpfer oder eine Schöpferin ausgedacht haben. Deswegen ist es vorstellbar, dass es außer unserem Universum auch noch ein anderes Universum geben könnte, was zumindest mathematisch nach der ART möglich ist. Darüber werden wir aber wohl niemals etwas erfahren, geschweige denn dorthin reisen können.

Fakt ist aber, wenn andere Universen anders sind, haben sie u. U. kein Leben, wie wir es kennen, hervorgebracht. Dort gibt es dann keine Menschen, die sich über das perfekt passende Universum wundern. Und wir leben eben hier, weil es uns nur hier geben kann! Der letzte Satz kann vielleicht dazu beitragen, sich Gedanken über Sinn und Zweck des Lebens in unserer Umwelt zu machen.

Zusammenfassung ART

8

Zunächst haben wir die Prinzipien der ART kennengelernt:

- Äquivalenzprinzip: Schwere und träge Masse sind einander äquivalent. Man kann Kräfte, die durch eine Beschleunigung oder durch die Gravitation hervorgerufen werden, nicht unterscheiden.
- Kovarianzprinzip: In allen Koordinatensystemen und unabhängig von deren Bewegungszustand und der Bewegung von Objekten gelten dieselben physikalischen Gesetze.
- Korrespondenzprinzip: Die Newton'sche Mechanik ist ein Spezialfall der SRT, die Newton'sche Gravitationstheorie und die SRT sind Spezialfälle der ART.

Aus der daraus resultierenden ART haben sich viele Folgerungen ergeben:

- Beschleunigung und Schwerkraft beeinflussen die Zeit
- Die Masse eines Körpers verursacht eine gekrümmte Geometrie.
- Die Geometrie wiederum bestimmt die Bewegung von Licht und materiellen Objekten.

Wir haben viele Experimente kennengelernt, die zur Überprüfung der ART durchgeführt wurden. Sie alle haben eine sehr gute Übereinstimmung mit der Theorie geliefert:

- Periheldrehung des Merkur
- Gravitative Rotverschiebung
- Lichtablenkung durch die Sonne
- Radar-Laufzeitverzögerung

© Springer Fachmedien Wiesbaden GmbH, ein Teil von Springer Nature 2018
B. Sonne, *Allgemeine Relativitätstheorie für jedermann,* essentials,
https://doi.org/10.1007/978-3-658-24129-2_8

- Flug mit Atomuhren
- Experiment Gravity Probe B

Außerdem sind noch einige andere Themen wie

- Gravitationswellen
- Schwarze Löcher

behandelt worden.

Als praktisches Beispiel wird besonders die Bedeutung der ART für das Global Positioning System (GPS) hervorgehoben, das ohne die ART (und auch SRT) zu falschen Positionsangaben führen würde.

Das Thema Zeitreisen in die Zukunft und in die Vergangenheit wurde erwähnt. Es ist – abgesehen von technischen Problemen – physikalisch möglich in die Zukunft zu reisen, wenngleich nicht mit Überlichtgeschwindigkeit. Reisen in die Vergangenheit sind mathematisch möglich. Aber es gibt aus physikalischer Sicht ein besonders gravierendes Problem: die Verletzung des Kausalitätsprinzips.

Die ART ist in der Lage, quantitative Aussagen über die zeitliche Entwicklung des Universums zu machen. Es gibt verschiedene Modelle, die von der Genauigkeit astronomischer Beobachtungen abhängen. Derzeit gilt, dass sich die Galaxien im Universum unendlich weit von uns fortbewegen (Abb. 7.2).

Zum Schluss zeigen wir noch ein Bild, dass Albert Einstein bei einer Vorlesung in Pasadena zeigt. Wenn man das Fragezeichen weglässt, dann steht dort $R_{ik} = 0$. Dies ist die Einstein'sche Feldgleichung für das Vakuum.

> Wenn man zwei Stunden lang mit einem Mädchen
> zusammensitzt, meint man, es wäre eine Minute.
> Sitzt man jedoch eine Minute auf einem heißen Ofen,
> meint man, es wären zwei Stunden.
> Das ist Relativität.
> A. Einstein

Bild: mit Erlaubnis von dpa Picture-Alliance GmbH

Einsteins Werke

9

Zu Beginn des *essentials* wurde erwähnt, dass Einstein wohl der bedeutendste Physiker des zwanzigsten Jahrhunderts war. Es waren nicht nur die unverstandenen Effekte, die er mit den Relativitätstheorien erklären konnte, sondern auch die Vorhersagen, die sich daraus ergaben. Wir haben sie in diesem *essential* beschrieben.

Aber Einstein hat noch andere bedeutende wissenschaftliche Arbeiten verfasst, siehe unter (Stachel 2001). Für eine davon hat er den Nobelpreis 1922 bekommen. Es handelte sich um den lichtelektrischen Effekt, auch Photoeffekt genannt, den er 1905 postulierte. Heute kennt jeder diesen Effekt, obwohl es der Allgemeinheit kaum bewusst ist, dass Einstein dahintersteckt. Der Belichtungsmesser in einem Fotoapparat arbeitet nach diesem Prinzip. Wenn Licht mit einer bestimmten Energie auf ein geeignetes Material trifft, dann werden Elektronen in diesem Material praktisch frei beweglich. Elektronen sind elektrisch geladene Teilchen, die, wenn sie bewegt werden, einen Strom erzeugen. Diesen Strom kann man messen. Die Stärke des Stromes, ist dann ein Maß dafür, wie viel Lichtenergie einfällt, d. h. wie hell es für die Belichtung eines Filmes oder eines anderen Materials ist.

Ebenfalls aus dem Jahre 1905 stammen noch weitere Arbeiten von Einstein. Zwei davon, nämlich „Über die Elektrodynamik bewegter Körper" und „Ist die Trägheit eines Körpers von seinem Energieinhalt abhängig?" führten zur SRT. Zwei andere Arbeiten befassen sich mit der Berechnung von Moleküldimensionen und der Erklärung der Brown'schen Molekularbewegung. Einstein konnte damit das bis dahin nur vermutete Atommodell belegen.

Aber das war noch nicht alles, was Einstein wissenschaftlich auszeichnet. Im Jahre 1917 veröffentlichte er eine Arbeit, die sich mit der induzierten Lichtemission befasste. Das ist der Effekt, den wir heute unter dem Begriff Laser

© Springer Fachmedien Wiesbaden GmbH, ein Teil von Springer Nature 2018
B. Sonne, *Allgemeine Relativitätstheorie für jedermann,* essentials,
https://doi.org/10.1007/978-3-658-24129-2_9

(Light amplification by stimulated emission of radiation) kennen. Es hat allerdings über dreißig Jahre gedauert, bis man den Laser technisch realisieren konnte. Heute benutzen wir CDs und DVDs, die mithilfe von Laserlicht mit Informationen beschrieben werden. Ohne Einstein wäre dies nicht möglich.

Schließlich war Einstein auch an einem Patent, dass sich mit einem Kreiselkompass befasste, beteiligt. Nach der prinzipiellen Funktionsweise arbeitet auch heute noch ein Kreiselkompass.

Aber Einstein war in gewisser Weise – wissenschaftlich gesehen – auch eine tragische Person, wenn man das so sagen darf. Obwohl er zu sehr vielen Erkenntnissen über die Quantentheorie beigetragen hat, konnte er sich zeitlebens nicht mit der Quantentheorie anfreunden. Bei der Quantentheorie hat man es mit Wahrscheinlichkeiten zu tun, nach denen einige Naturgesetze ablaufen. Einstein vertrat aber die Auffassung, dass die Physik deterministisch sein müsse, so wie auch seine SRT und ART aufgebaut sind. Dies ist aber bei der Quantentheorie nicht möglich, da deren Ergebnisse nur mit einer gewissen Wahrscheinlichkeit eintreten. Auch heute wird noch über die Interpretation von Quanteneffekten (EPR-Paradoxon) viel diskutiert. Wie schon erwähnt, ist es bisher allerdings noch nicht gelungen, beide Theorien in einem gemeinsamen mathematischen und physikalischen Konzept zu verbinden.

Was Sie aus diesem *essential* mitnehmen können

- Zunächst werden Sie feststellen, dass die Prinzipien von Einsteins Relativitäts-theorien „relativ" leicht zu verstehen sind. Das liegt daran, dass sie sehr ein-fach und plausibel sind.
- Sie werden in der Lage sein, diese Prinzipien und weiterführende Grundlagen auch anderen Personen erklären zu können.
- Die vielen experimentellen Beispiele können Sie selbst nachvollziehen. Sie zeigen Ihnen, wie gut die Theorie mit der Praxis übereinstimmt und nicht nur alles „graue Theorie" ist.
- Insbesondere erfahren Sie, wie wichtig Einsteins Theorien für Sie sind, damit Sie auch Ihr Fahrziel mittels GPS erreichen und nicht irgendwo „off road" landen.
- Die zeitliche Entwicklung des Universums und dessen Expansion seit dem Urknall sind auch Gegenstand der Theorie.
- Das Anthropische Prinzip wird Sie zu einigen Gedanken anregen, da Sie nur in unserer Welt, sprich Universum, leben können und nicht woanders!
- Sie werden verstehen, weshalb Einsteins Relativitätstheorien und seine ande-ren Werke ihn zum bedeutendsten Wissenschaftler der zwanzigsten Jahrhun-derts gemacht haben.

© Springer Fachmedien Wiesbaden GmbH, ein Teil von Springer Nature 2018   65
B. Sonne, *Allgemeine Relativitätstheorie für jedermann,* essentials,
https://doi.org/10.1007/978-3-658-24129-2

Literatur

Lehrbücher und Fachartikel

Adler, R., & Silbergleit, A. (1999). A general treatment of orbiting gyroskope precession. http://de.arxiv.org/abs/gr-qc/9909054. V2 21. Sept. 1999. Zugegriffen: 4. Sept. 2018.

Ashby, N. (2003). Relativity in the global positioning system. http://www.livingreviews. org/lrr-2003-1. Zugegriffen: 4. Sept. 2018.

Bailey, J., et al. (1979). Final report on the CERN muon storage ring including the anomalous magnetic moment and the electric dipole moment of the muon, and a direct test of relativistic time dilation. *Nuclear Physics B, 150,* 1–75.

Dirac, P. A. M. (1996). *General theory of relativity.* New Jersey: Princeton University Press.

d'Iverno, R. (1995). *Einführung in die Relativitätstheorie.* Weinheim: VCH.

Einstein, A. (1916). Die Grundlage der allgemeinen Relativitätstheorie. *Annalen der Physik, 49*(4), 779–822.

Everitt, C. W. F., et al. (2011). Gravity Probe B: Final results of a space experiment to test general relativity. http://arxiv.org/abs/1105.3456. V1, 17. Mai 2011. Zugegriffen: 4. Sept. 2018.

Fließbach, T. (2006). *Allgemeine Relativitätstheorie.* Heidelberg: Springer Spektrum.

Foster, J., & Nightingale, J. D. (1995). *A short course in general relativity.* Berlin: Springer.

Goenner, H. (1996). *Einführung in die spezielle und allgemeine Relativitätstheorie.* Heidelberg: Springer Spectrum.

Misner, C. W., Thorne, K. S., & Wheeler, J. A. (MTW). (1973). *Gravitation.* San Francisco: Freeman.

Møller, C. (1972). *The theory of relativity.* Oxford: Clarendon.

Rebhan, E. (2012). *Theoretische Physik: Relativitätstheorie und Kosmologie.* Heidelberg: Springer.

Rindler, W. (2006). *Relativity.* New York: Oxford Univ. Press.

Weinberg, S. (1972). *Gravitation and cosmology.* New York: Wiley.

Will, C. (1993). *Theory and experiment in gravitational physics.* Cambridge: Cambridge Univ. Press.

© Springer Fachmedien Wiesbaden GmbH, ein Teil von Springer Nature 2018
B. Sonne, *Allgemeine Relativitätstheorie für jedermann,* essentials,
https://doi.org/10.1007/978-3-658-24129-2

Sachbücher

Berry, M. (1990). *Kosmologie und Gravitation.* Stuttgart: Teubner.

Einstein, A. (1988). *Über die spezielle und allgemeine Relativitätstheorie* (23. Aufl.). Braunschweig: Vieweg.

Einstein, A. (1990). *Grundzüge der Relativitätstheorie* (6. Aufl.). Braunschweig: Vieweg.

Guilini, D., & Kiefer, C. (2017). *Gravitationswellen.* Wiesbaden: Springer Spektrum.

Homepage Gravity Probe B. (2011). http://einstein.stanford.edu. Zugegriffen: 4. Sept. 2018.

Moritz, H., & Hofmann-Wellenhof, B. (1993). *Geometry, relativity, geodesy.* Karlsruhe: Wichmann.

Nahin, P. J. (1999). *Time machines – Time travel in physics, metaphysics, and science fiction.* New York: Springer.

Penrose, R. (1990). *Computerdenken.* Wiesbaden: Spektrum.

Sonne, B. (2016). *Spezielle Relativitätstheorie für jedermann.* Wiesbaden: Springer Spektrum.

Sonne, B., & Weiß, R. (2013). *Einsteins Theorien – Spezielle und Allgemeine Relativitätstheorie für interessierte Einsteiger und zur Wiederholung.* Heidelberg: Springer Spektrum.

Stachel, J. (Hrsg.). (2001). *Einsteins Annus mirabilis – Fünf Schriften, die die Welt der Physik revolutionierten.* Reinbeck: Rowohlt.

Allgemein verständlich

Al-Khalili, J. (2004). *Schwarze Löcher, Wurmlöcher und Zeitmaschinen.* Heidelberg: Spektrum.

Brassett, B., & Edney, R. (2012). *Relativitätstheorie – ein Sachcomic.* Überlingen: Tibia Press.

Campbell, J. (2006). *GPS im Schatten des Uhrenparadoxons – Betrachtungen zu den Auswirkungen der Relativitätstheorie bei Satellitennavigationssystemen, Festschrift 125 Jahre Geodäsie und Geoinformatik* (Heft Nr. 263, S. 129, 146). Hannover: Leibnitz-Universität.

Einstein, A., & Infeld, L. (1962). *Die Evolution der Physik* (86–95 Tausend). Reinbeck: Rowohlt.

Embacher, F. (2006), Relativistische Korrekturen für GPS. https://homepage.univie.ac.at/franz.embacher/rel.html. Zugegriffen: 4. Sept. 2018.

Hafele, J. C., & Keating, R. E. (1971). https://de.wikipedia.org/wiki/Hafele-Keating-Experiment. Zugegriffen: 4. Sept. 2018.

Lesch, H., & Müller, J. (2006). *Kosmologie für helle Köpfe – Die dunklen Seiten des Universums.* München: Goldmann.

Biographien

Clark, R. W. (1974). *Albert Einstein – Leben und Werk.* München: Heyne.

Fölsing, A. (1995). Albert Einstein – Eine Biographie. Frankfurt a. M.: Suhrkamp.

Jordan, P. (1969). *Albert Einstein.* Frauenfeld: Huber.

Wickert, J. (1972). *Albert Einstein – In Selbstzeugnissen und Bilddokumenten.* Reinbeck: Rowohlt.

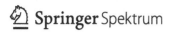
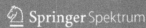

Printed in the United States
By Bookmasters